应用型本科 电气工程及自动化专业"十三五"规划教材

自动控制原理习题解析

主　编　丁肇红　蒋文萍

西安电子科技大学出版社

内 容 简 介

本书是与丁肇红等主编的《自动控制原理》教材(西安电子科技大学出版社,2017)配套的习题解答。本书给出了《自动控制原理》教材所有习题的详细解题思路和过程。

本书可作为高校应用型本科电气自动化、机电一体化、电子信息类及仪器仪表等专业"自动控制原理"课程的学习指导书,也可供从事自动控制工程的专业技术人员参考。

图书在版编目(CIP)数据

自动控制原理习题解析/丁肇红,蒋文萍主编. —西安:西安电子科技大学出版社,2017.5

应用型本科 电气工程及自动化专业"十三五"规划教材

ISBN 978-7-5606-4467-7

Ⅰ. ① 自… Ⅱ. ① 丁… ②蒋… Ⅲ. ① 自动控制理论-高等学校-教材

Ⅳ. ① TP13-44

中国版本图书馆 CIP 数据核字(2017)第 065670 号

策划编辑 高 樱

责任编辑 杨 璠

出版发行 西安电子科技大学出版社(西安市太白南路 2 号)

电　　话 (029)88242885 88201467　　邮　　编 710071

网　　址 www.xduph.com　　电子邮箱 xdupfxb001@163.com

经　　销 新华书店

印刷单位 陕西华沐印刷科技有限责任公司

版　　次 2017 年 5 月第 1 版 2017 年 5 月第 1 次印刷

开　　本 787 毫米×960 毫米 1/16 印张 9

字　　数 158千字

印　　数 1～2000 册

定　　价 19.00 元

ISBN 978-7-5606-4467-7/TP

XDUP 4759001-1

西安电子科技大学出版社
应用型本科　电气工程及自动化专业“十三五”规划教材
编审专家委员名单

前　言

为了帮助广大读者和大学生学习自动控制原理及提升应用相关知识解决问题的能力，更好地掌握自动控制原理的基本概念、自动控制系统的分析与设计方法，也为学生在校的学习和考研提供一本好的参考书，使其更好地掌握自动控制原理课程的精髓，我们编写了这本习题解答。

全书共八章，每章内容包括知识网络图、学习目的、习题与解答三部分。在知识网络图部分融入了编写人员多年的授课心得与体会；学习目的部分主要总结了本章的知识内容；在习题与解答部分针对教材的课后习题，给出了详细的解题过程与思路，部分习题还给出了 MATLAB 仿真和拓展。

本书由上海应用技术大学丁肇红副教授和蒋文萍讲师主编，其中第四章、第七章由蒋文萍编写，其余各章均由丁肇红编写。丁肇红负责全书的组稿、定稿和统稿工作。

书中的部分图形和公式由研究生徐亦雯、李伟、任志伟、韩江雪和本科生吴莹莹、聂震编辑，在此表示感谢！本书在编写过程中参阅了大量相关的材料，在此对相关作者表示感谢。

虽然我们在编写过程中花了不少精力，但书中难免存在许多不尽如人意之处，殷切希望同行专家及广大读者不吝指教。

丁肇红

2016 年 12 月

目　　录

第一章　绪　　论

一、知识网络图

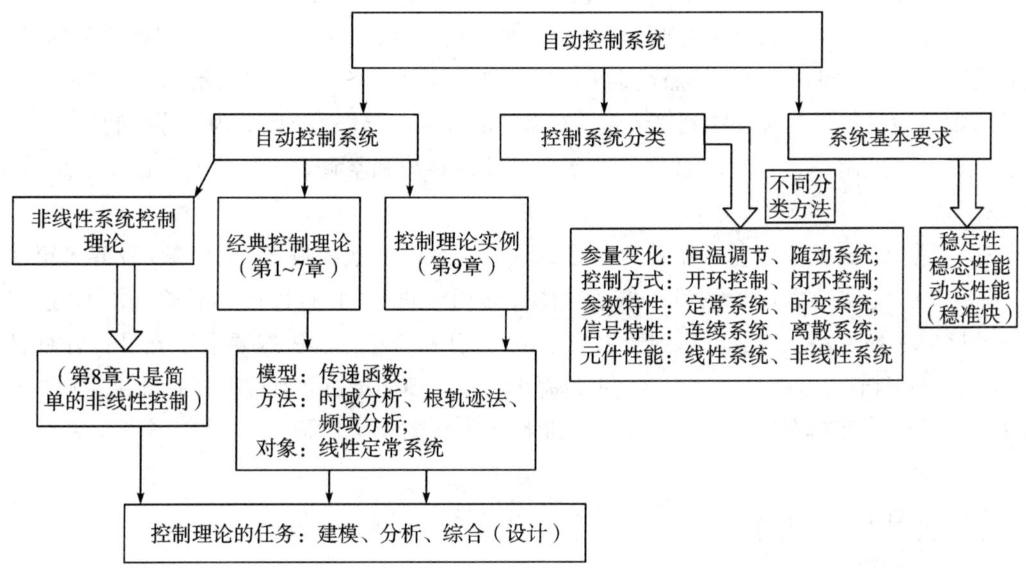

二、学习目的

（1）了解自动控制、自动控制系统和自动控制理论中的一些术语与概念。

（2）掌握控制理论的任务、控制系统的基本要求和自动控制系统的分类。

（3）重点掌握反馈控制的基本原理。

习题与解答

1－1　什么是开环控制系统？什么是闭环控制系统？它们各有什么优缺点？

【解】　开环控制系统由控制器和被控对象组成，由输入端通过输入信号控制被控对象的输出物理量的变化。开环控制系统是最简单的一种控制系统。

闭环控制系统是负反馈控制系统。闭环控制系统具有输入信号控制被控量的通道，同时具有由输出量信号反馈到输入端的反馈通道。负反馈控制系统是按输入信号与输出信号的偏差进行控制的。

开环控制系统简单，但不能抑制系统外部或内部扰动的影响。闭环控制系统不但能抑制扰动的影响，对系统的动态和稳态性能都能大大提高。

1-2 试列举几个日常生活中的闭环控制系统，画出系统框图并说明它们的工作原理。

【解】

(1) 开环控制——半自动、全自动洗衣机的洗衣过程(系统框图略)。

工作原理：被控制量为衣服的干净度。洗衣人先观察衣服的脏污程度，根据自己的经验，设定洗涤、漂洗时间，洗衣机按照设定程序完成洗涤漂洗任务。系统输出量(即衣服的干净度)的信息没有通过任何装置反馈到输入端，对系统的控制不起作用，因此为开环控制。

(2) 闭环控制——卫生间蓄水箱的蓄水量控制系统和空调、冰箱的温度控制系统(系统框图略)。

工作原理：以卫生间蓄水箱蓄水量控制为例，系统的被控制量(输出量)为蓄水箱水位(反映蓄水量)。水位由浮子测量，并通过杠杆作用于供水阀门(即反馈至输入端)，控制供水量，形成闭环控制。当水位达到蓄水量上限高度时，阀门全关(按要求事先设计好杠杆比例)，系统处于平衡状态。一旦用水，水位降低，浮子随之下沉，通过杠杆打开供水阀门，下沉越深，阀门开度越大，供水量越大，直到水位升至蓄水量上限高度，阀门全关，系统再次处于平衡状态。

1-3 图1.1所示为一个简单的水位控制系统。

(1) 试说明它的工作原理；

(2) 指出系统的被控对象、被控量、给定量(输入信号)；

(3) 画出控制系统的方框图。

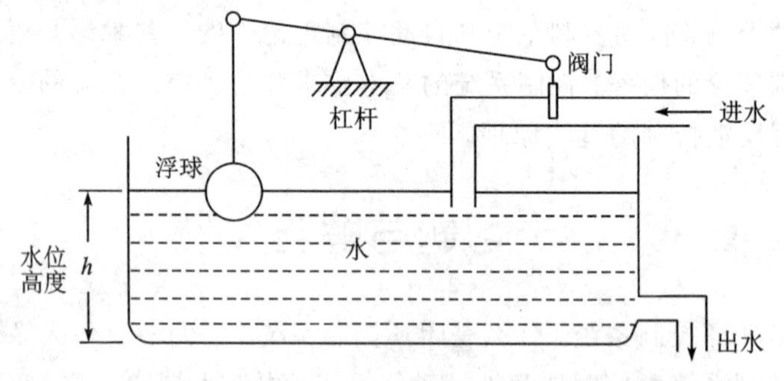

图1.1 水位控制系统

【解】 (1) 这个简单的水位控制系统是通过浮球和杠杆来实现的。

浮球可以检测水位的高低，这个信息通过杠杆调节进水阀门来实现对水位的调节和控制。这个调节作用也是一个负反馈过程，当水位升高时，浮球位置上移，从而使阀门下移，减少进水量，使水位不再上升。当水位下降时，浮球位置下移，从而使阀门上移，增加进水量，使水位不再下降。

(2) 图 1.1 中，输入信号是水位理想高度位置，被控对象是水池，被控量是水池的实际水位。可以看出，浮球的实际位置是水位的检测信号，浮球是检测元件。

(3) 系统框图如图 1.2 所示。

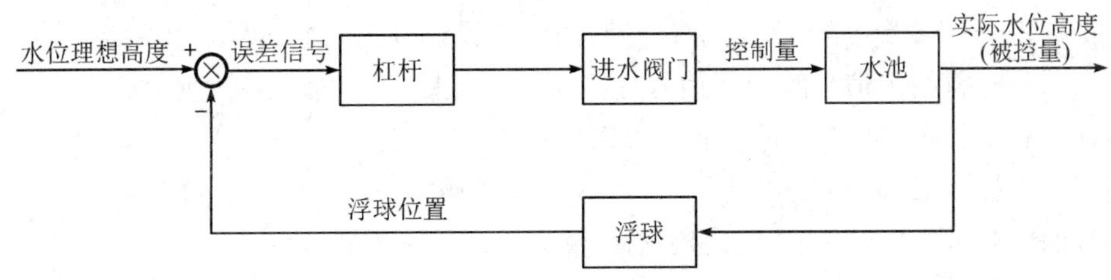

图 1.2 习题 1-3 解图

1-4 仓库大门自动控制系统如图 1.3 所示，试分析系统的工作原理，绘制系统的方框图，并指出各实际元件的功能及输入、输出量。

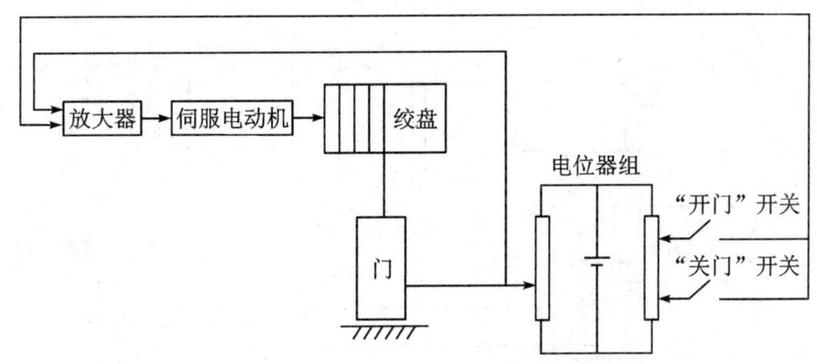

图 1.3 仓库大门自动控制系统

【解】 (1) 工作原理：当给定电位器和测量电位器输出相等时，放大器无输出，门的位置不变。假设门的原始平衡位置在关状态，门要打开时，合上"开门"开关。给定电位器与测量电位器输出不相等，其电信号经放大器比较放大，再经伺服电机和绞盘带动门改变位置，直到门完全打开，其测量电位器输出与给定电位器输出相等，放大器无输出，门的位置停止改变，系统处于新的平衡状态。反之，合上"关门"开关，电机带动绞盘使门改变位置，直到门完全关上。如果大门不能全开或全关，应调整给定的开门(关门)电位器触点的位置。

(2) 系统方框图如图 1.4 所示。

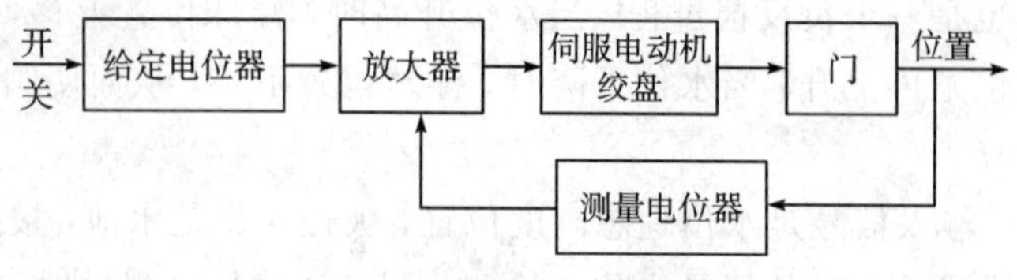

图 1.4　习题 1-4 解图

(3) 元件功能。

电位器组——将给定“开”、“关”信号和门的位置信号变成电信号，为给定、测量元件。

放大器——将给定信号和测量信号进行比较、放大，为比较、放大元件。

电动机、绞盘——改变门的位置，为执行元件。

门——被控对象。

系统的输入量为“开”、“关”信号；输出量为门的实际位置。

1-5　图 1.5 所示为电炉箱恒温自动控制系统。

(1) 说明该系统恒温控制的反馈控制原理；

(2) 画出控制系统框图。

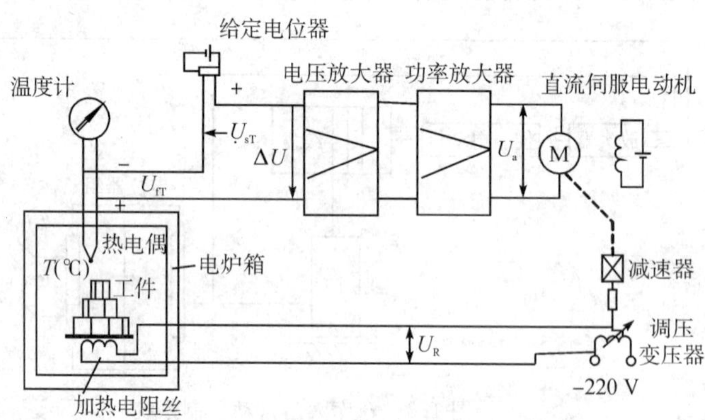

图 1.5　电炉箱恒温自动控制系统

【解】　(1) 电炉使用电阻丝加热，并要求保持炉温恒定，图 1.5 中采用热电偶来测量炉温并将其转换成电压信号，将测量得到的电压信号反馈到输入端，与给定电压信号反极性连接，实现负反馈。两者的差值称为偏差电压，它经电压放大和功率放大后驱动直流伺服电动机。电动机减速器带动调压变压器的可动触头，改变电阻丝的供电电压，从而调节炉温。

电炉温度偏低时，测量电压 U 小于给定电压，二者比较的偏差电压为正，电动机“正”转，使调压器的可动触头上移，电阻丝的供电电压增加，电流加大，炉温增加直至炉温升至给定值为止。此时，电动机停止转动，炉温保持恒定。

电炉温度偏高时，偏差电压为负，经放大后使电动机“反”转，调压器的可动触头下移，使供电电压减小，电流减小，直至炉温等于给定值为止。

系统的被控对象是电炉，被控量是电炉炉温，伺服电机、减速器、调压器是执行机构，热电偶是检测元件。

(2) 电炉温度控制系统的方框图如图 1.6 所示。

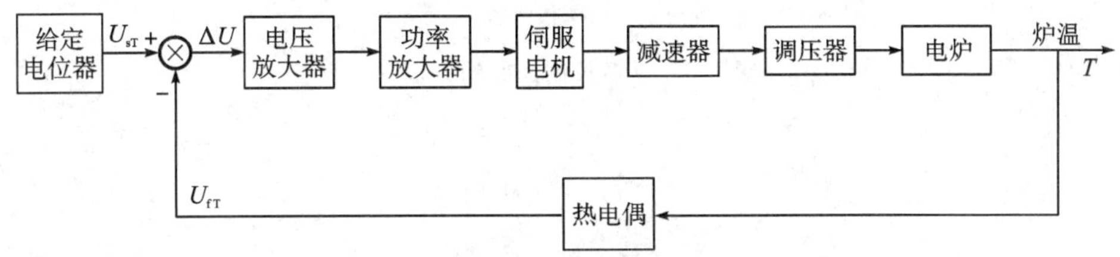

图 1.6 电炉温度控制系统的方框图

1-6 对于核电系统的发电机组而言，核反应堆的精确控制是十分重要的。假定中子数与功率值成正比，电流又与功率成比例，且石墨控制棒可以调节功率值，电离室能用来测量功率值。试查资料补充完成图 1.7 所示的核反应堆控制系统，并画出该反馈控制回路的方框图。

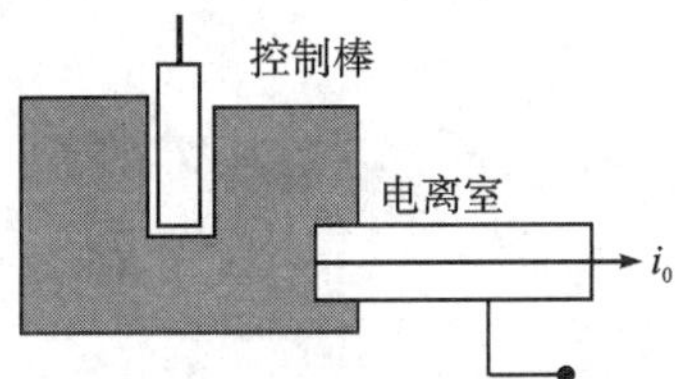

图 1.7 核反应堆控制系统

【解】 (1) 补充完成的核反应堆控制系统如图 1.8 所示。

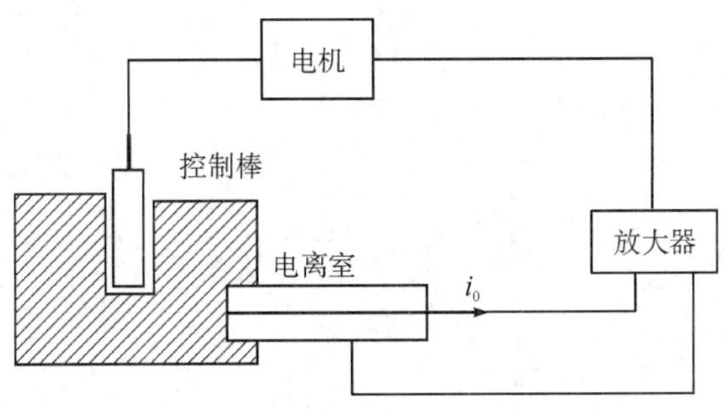

图 1.8 补充完成的核反应堆控制系统

（2）反馈控制回路的方框图如图 1.9 所示。

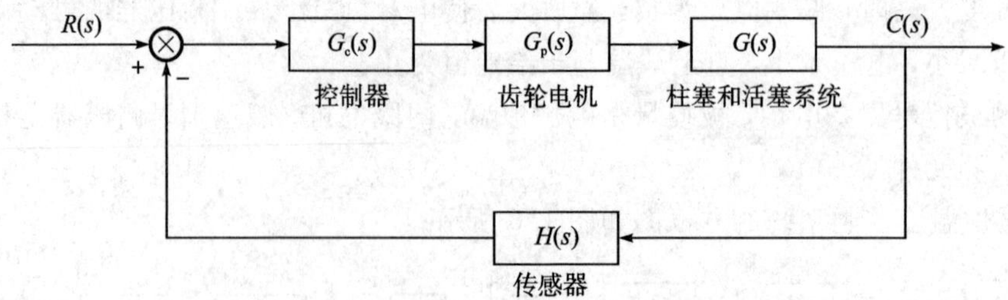

图 1.9　反馈控制回路的方框图

第二章　控制系统的数学模型

一、知识结构

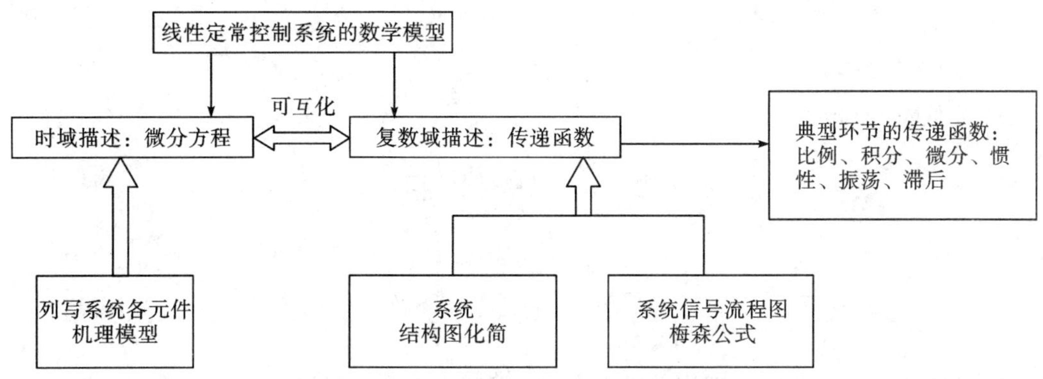

二、学习目的

(1) 经典控制理论中控制系统数学模型的建立。

(2) 重要的概念：传递函数；极点、零点；开环传递函数、闭环传递函数、误差传递函数。

(3) 重点掌握用结构图化简和信号流图梅森增益公式获得系统传递函数的方法。

(4) 掌握典型环节的传递函数和常用控制器的传递函数。

习题与解答

2-1　试建立如图 2.1 所示各电子网络的微分方程，并说明这些微分方程之间有什么特点，其中电压 $u_r(t)$为输入量；电压 $u_c(t)$为输出量。

【解】　(1)

方法一：设回路电流为 i，根据克希霍夫定律，可写出下列方程组为

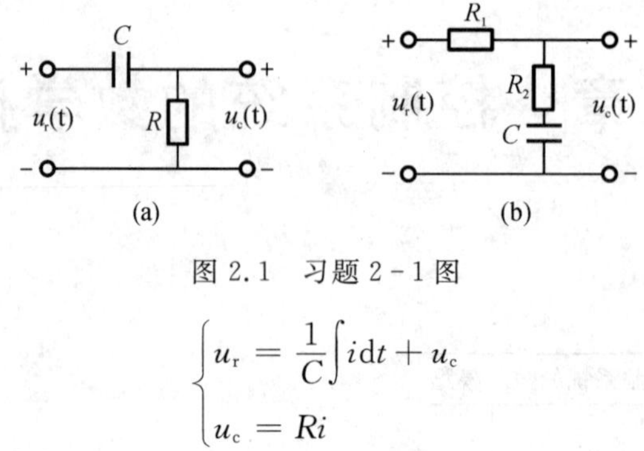

图 2.1　习题 2-1 图

$$\begin{cases} u_r = \dfrac{1}{C}\int i\mathrm{d}t + u_c \\ u_c = Ri \end{cases}$$

消去中间变量，整理得

$$RC\frac{\mathrm{d}u_c}{\mathrm{d}t}+u_c=RC\frac{\mathrm{d}u_r}{\mathrm{d}t}$$

方法二：

$$\frac{U_c(s)}{U_r(s)}=\frac{R}{R+\dfrac{1}{Cs}}=\frac{RCs}{RCs+1} \quad \Rightarrow \quad RC\dot{u}_c+u_c=RC\dot{u}_r$$

(2) 设回路电流为 i，根据克希霍夫定律，可写出下列方程组为

$$\begin{cases} u_r(t) = R_1 i(t) + u_c(t) \\ R_2 i(t) + \dfrac{1}{C}\int i\mathrm{d}t = u_c(t) \end{cases}$$

消去中间变量 i，整理得

$$(R_1+R_2)C\dot{u}_c(t)+u_c(t)=R_2C\dot{u}_r(t)+u_r(t)$$

或

$$\frac{U_c(s)}{U_r(s)}=\frac{R_2+\dfrac{1}{Cs}}{R_1+R_2+\dfrac{1}{Cs}}=\frac{R_2Cs+1}{(R_1+R_2)Cs+1} \quad \Rightarrow \quad (R_1+R_2)C\dot{u}_c+u_c=R_2C\dot{u}_r+u_r$$

由上述分析可知：(a)、(b)是两个不同的电路，但都可以用一阶线性微分方程来描述。不同类型的系统可具有形式相同的数学模型，这些物理系统称为相似系统。相似系统揭示了不同物理现象间的相似关系，便于用一个简单系统模型去研究与其相似的复杂系统，同时为控制系统的计算机仿真奠定了基础。

2-2　试求图 2.2 所示电子网络的传递函数。

【解】　可利用复阻抗的概念及其分压定理直接求传递函数。

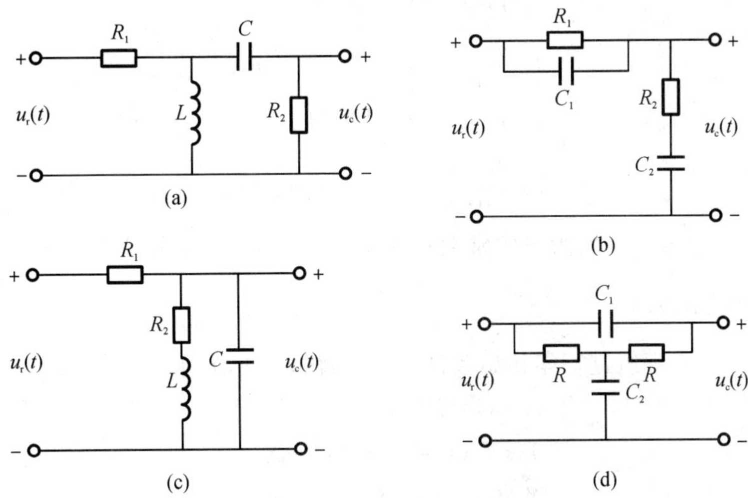

图 2.2　习题 2-2 图

(1)

$$\frac{U_c(s)}{U_r(s)}=\frac{\left(\frac{1}{Cs}+R_2\right)/\!/Ls}{R_1+\left(\frac{1}{Cs}+R_2\right)/\!/Ls}\times\frac{R_2}{\frac{1}{Cs}+R_2}=\frac{LCR_2s^2}{(R_1+R_2)LCs^2+(R_1R_2C+L)s+R_1}$$

(2)

$$\frac{U_c(s)}{U_r(s)}=\frac{R_2+\frac{1}{C_2s}}{\left(R_1/\!/\frac{1}{C_1s}\right)+R_2+\frac{1}{C_2s}}=\frac{R_1R_2C_1C_2s^2+(R_1C_1+R_2C_2)s+1}{R_1R_2C_1C_2s^2+(R_1C_1+R_2C_2+R_1C_2)s+1}$$

(3)

$$\frac{U_c(s)}{U_r(s)}=\frac{\frac{1}{Cs}/\!/(R_2+Ls)}{R_1+\frac{1}{Cs}/\!/(R_2+Ls)}=\frac{R_2+Ls}{R_1LCs^2+(R_1R_2C+L)s+R_1+R_2}$$

(4)

$$\frac{U_c(s)}{U_r(s)}=\frac{\frac{1}{C_2s}}{\left(R+\frac{1}{C_1s}\right)/\!/R+\frac{1}{C_2s}}+\frac{\left(R+\frac{1}{C_1s}\right)/\!/R}{\left(R+\frac{1}{C_1s}\right)/\!/R+\frac{1}{C_2s}}\times\frac{R}{R+\frac{1}{C_1s}}$$

$$=\frac{R^2C_1C_2s^2+2RC_1s+1}{R^2C_1C_2s^2+(2RC_1+RC_2)s+1}$$

2-3　系统的微分方程组为

$$x_1(t)=r(t)-c(t)$$

$$T_1\frac{\mathrm{d}x_2(t)}{\mathrm{d}t}=k_1x_1(t)-x_2(t)$$

$$x_3(t)=x_2(t)-k_3c(t)$$

$$T_2\frac{\mathrm{d}c(t)}{\mathrm{d}t}+c(t)=k_2x_3(t)$$

式中：T_1、T_2、k_1、k_2、k_3 均为正的常数；系统的输入为 $r(t)$，输出为 $c(t)$，试画出动态结构图，并求出传递函数 $G(s)=\dfrac{C(s)}{R(s)}$。

【解】 对微分方程组进行零初始条件下的拉普拉斯变换得

$$X_1(s)=R(s)-C(s)$$

$$T_1sX_2(s)=k_1X_1(s)-X_2(s)$$

$$X_3(s)=X_2(s)-k_3C(s)$$

$$T_2sC(s)+C(s)=k_2X_3(s)$$

动态结构图如图 2.3 所示。

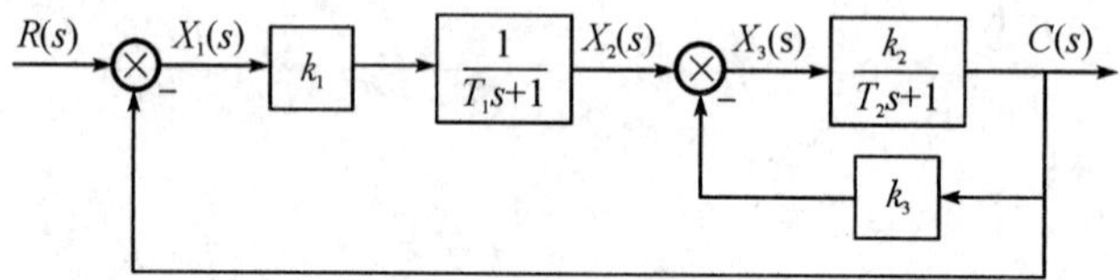

图 2.3　动态结构图

传递函数为

$$\frac{C(s)}{R(s)}=\frac{k_1k_2}{T_2T_1s^2+(T_2+T_1+k_3k_2T_1)s+(k_1k_2+k_3k_2+1)}$$

2－4 用运算放大器组成的有源电子网络如图 2.4 所示，试采用复阻抗法写出它们的传递函数。

【解】 利用理想运算放大器及其复阻抗的特性求解。

(1)

$$\frac{U_c(s)}{R_2+\dfrac{1}{C_2s}}=-\frac{U_r(s)}{R_1/\!/\dfrac{1}{C_1s}}\quad\Rightarrow\quad\frac{U_c(s)}{U_r(s)}=-\left(\frac{R_2}{R_1}+\frac{C_1}{C_2}+R_2C_1s+\frac{1}{R_1C_2s}\right)$$

(2)

$$\frac{U_c(s)}{R_2/\!/\dfrac{1}{Cs}}=-\frac{U_r(s)}{R_1}\quad\Rightarrow\quad\frac{U_c(s)}{U_r(s)}=-\frac{R_2}{R_1}\cdot\frac{1}{R_2Cs+1}$$

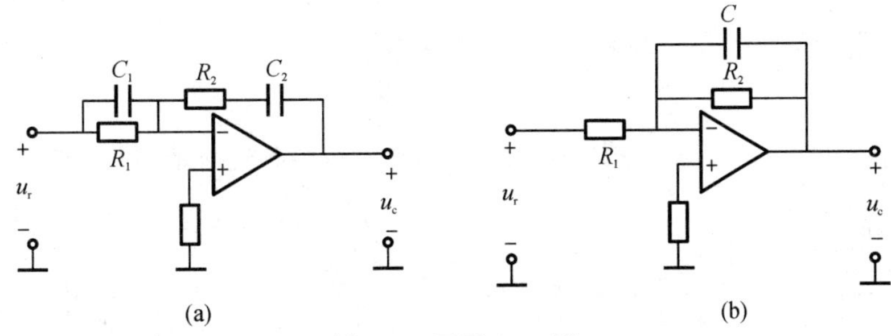

图 2.4　习题 2-4 图

2-5　系统方框图如图 2.5 所示，试简化方框图(a)、(b)、(d)，并求出它们的传递函

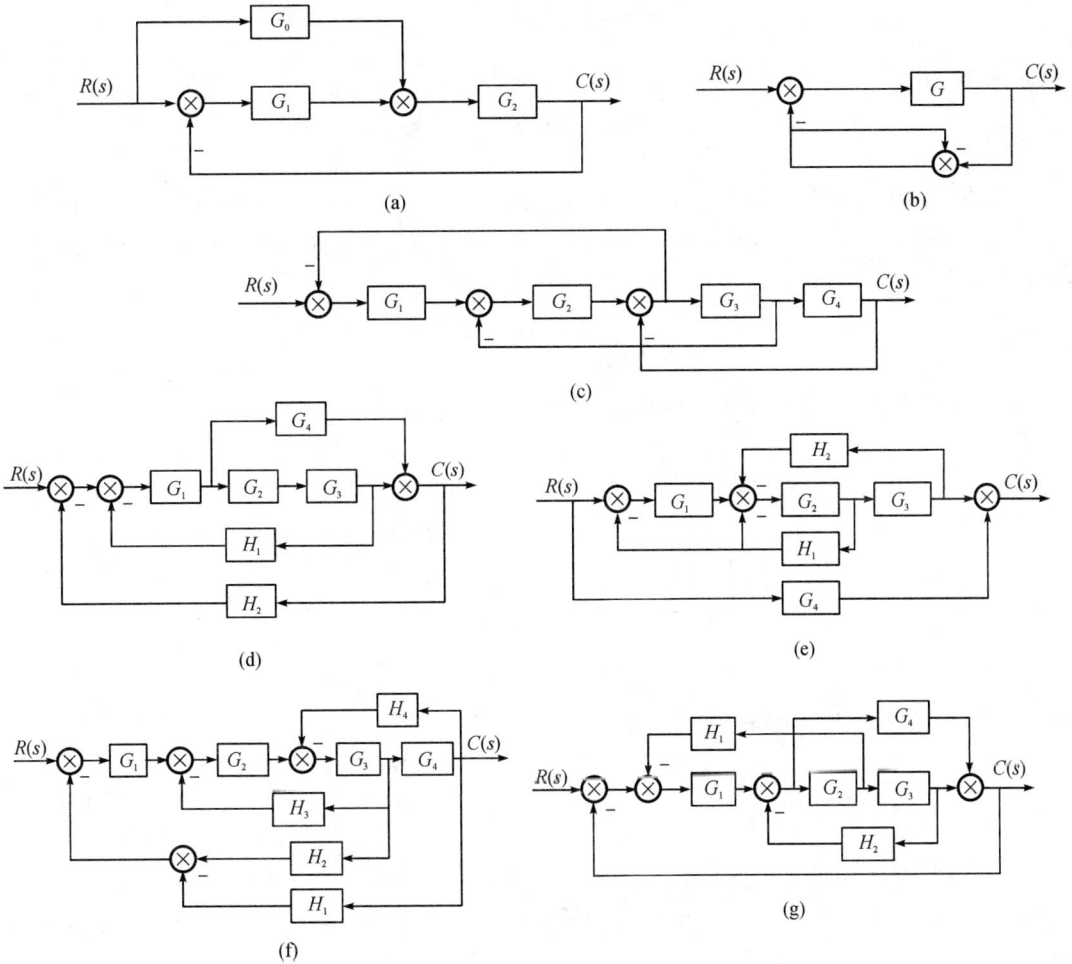

(a)

(b)

(c)

(d)

(e)

(f)

(g)

图 2.5　习题 2-5 图

数$\dfrac{C(s)}{R(s)}$。

【解】

(1) 方法一：将图 2.5(a)的第二个综合点前移可以得到化简结构图，如图 2.6 所示。

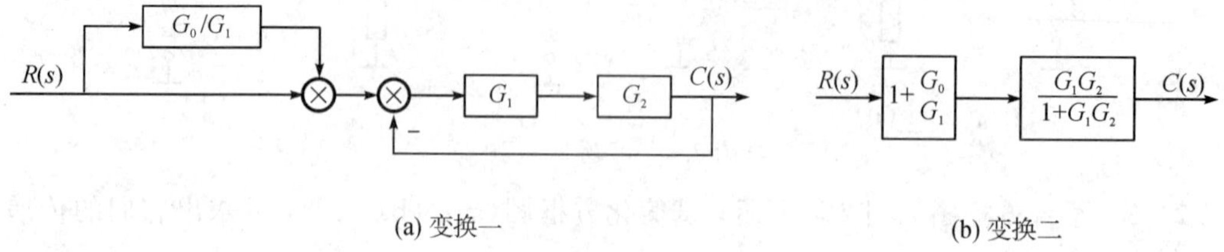

图 2.6 习题 2-5 图(a)的简化结构图

从而求得系统的传递函数为

$$\frac{C(s)}{R(s)}=\frac{G_1G_2+G_0G_2}{1+G_1G_2}$$

方法二：从信号流图可见，有 1 个单独回路，即 $L_1=-G_1G_2$；而 $\Delta=1+G_1G_2$；由源节点 R 到阱节点 C 有 2 条前向通路，即 $n=2$，且 $P_1=G_1G_2$，$\Delta_1=1$；$P_2=G_0G_2$，$\Delta_2=1$。故由梅森公式求得系统传递函数为

$$\frac{C(s)}{R(s)}=\frac{G_1G_2+G_0G_2}{1+G_1G_2}$$

(2) 将图 2.5(b)结构图等效变换得到简化结构图，如图 2.7 所示。

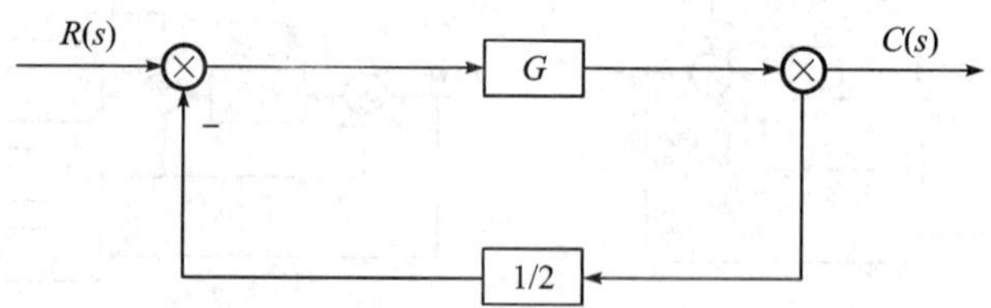

图 2.7 习题 2-5 图(b)的简化结构图

由结构图等效变换求得系统传递函数为

$$\frac{C(s)}{R(s)}=\frac{G(s)}{1+\frac{1}{2}G(s)}=\frac{2G(s)}{2+G(s)}$$

(3) 从信号流图可见，有 3 个单独回路，即 $L_1=-G_1G_2$，$L_2=-G_2G_3$，$L_3=-G_3G_4$；而 $\Delta=1+G_1G_2+G_2G_3+G_3G_4$；由源节点 R 到阱节点 C 有 1 条前向通路，即 $n=1$，且 $P_1=G_1G_2G_3G_4$，$\Delta_1=1$。故由梅森公式求得系统传递函数为

$$\frac{C(s)}{R(s)}=\frac{G_1G_2G_3G_4}{1+G_1G_2+G_2G_3+G_3G_4}$$

(4) 方法一：将图 2.5(d)的结构图等效变换为简化结构图，如图 2.8 所示。

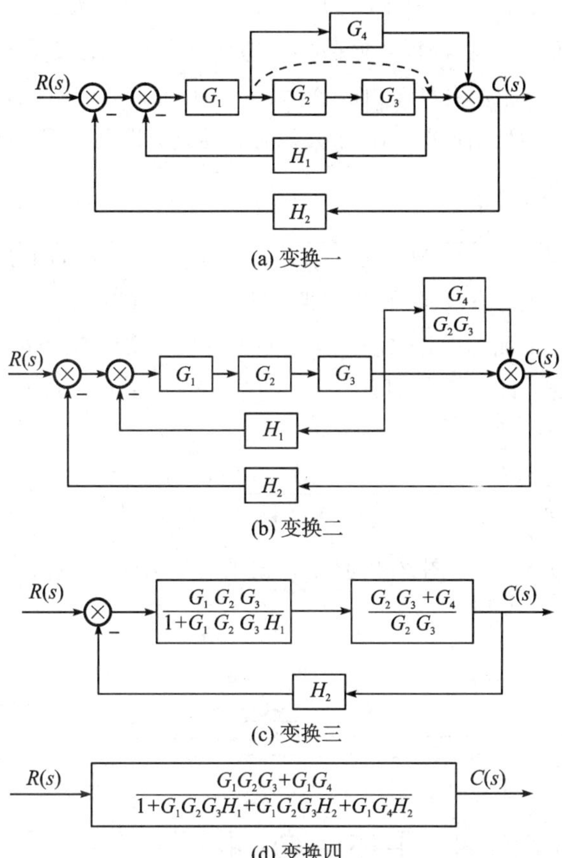

图 2.8　习题 2-5 图(d)的简化结构图

方法二：从信号流图可见，有 3 个单独回路，即 $L_1=-G_1G_2G_3H_1$，$L_2=-G_1G_2G_3H_2$，$L_3=-G_1G_4H_2$；$\Delta=1+G_1G_2+G_3H_1+G_1G_2G_3H_2+G_1G_4H_2$；由源节点 R 到阱节点 C 有 2 条前向通路，即 $n=2$，且 $P_1=G_1G_2G_3$，$\Delta_1=1$；$P_2=G_1G_4$，$\Delta_2=1$。故由梅森公式求得系统传递函数为

$$\frac{C(s)}{R(s)}=\frac{G_1G_2G_3+G_1G_4}{1+G_1G_2G_3H_1+G_1G_2G_3H_2+G_1G_4H_2}$$

(5) 从信号流图可见，有 3 个单独回路，即 $L_1=-G_2H_1$，$L_2=-G_1G_2H_1$，$L_3=-G_2G_3H_2$；而 $\Delta=1+G_2H_1+G_1G_2H_1+G_2G_3H_2$；由源节点 R 到阱节点 C 有 2 条前向通

路，即 $n=2$，且 $P_1=G_1G_2G_3$；$P_2=G_4$，$\Delta_2=1+G_2H_1+G_1G_2H_1+G_2G_3H_2$。故由梅森公式求得系统传递函数为

$$\frac{C(s)}{R(s)}=\frac{G_1G_2G_3+G_4+G_2G_4H_1+G_1G_2G_4+G_2G_3G_4H_2}{1+G_2H_1+G_1G_2H_1+G_2G_3H_2}$$

(6) 从信号流图可见，有 4 个单独回路，即 $L_1=-G_3G_4H_4$，$L_2=-G_2G_3H_3$，$L_3=-G_1G_2G_3H_2$，$L_4=G_1G_2G_3G_4H_1$；而 $\Delta=1+G_3G_4H_4+G_2G_3H_3+G_1G_2G_3H_2-G_1G_2G_3G_4H_1$；由源节点 R 到阱节点 C 有 1 条前向通路，即 $P_1=G_1G_2G_3G_4$，$\Delta_1=1$。故由梅森公式求得系统传递函数为

$$\frac{C(s)}{R(s)}=\frac{G_1G_2G_3G_4}{1+G_3G_4H_4+G_2G_3H_3+G_1G_2G_3H_2-G_1G_2G_3G_4H_1}$$

(7) 从信号流图可见，有 4 个单独回路，即 $L_1=-G_1G_2H_1$，$L_2=-G_2G_3H_2$，$L_3=-G_1G_2G_3$，$L_4=-G_1G_4$；而 $\Delta=1+G_1G_2H_1+G_2G_3H_2+G_1G_2G_3+G_1G_4$；由源节点 R 到阱节点 C 有两条前向通路，即 $n=2$，且 $P_1=G_1G_2G_3$，$\Delta_1=1$；$P_2=G_1G_4$，$\Delta_2=1$。故由梅森公式求得系统传递函数为

$$\frac{C(s)}{R(s)}=\frac{G_1G_2G_3+G_1G_4}{1+G_2G_3H_2+G_1G_2H_1+G_1G_2G_3+G_1G_4}$$

2-6 已知系统方框图如图 2.9 所示，试求各典型传递函数：$\frac{C(s)}{R(s)}$，$\frac{E(s)}{R(s)}$，$\frac{C(s)}{N(s)}$，$\frac{E(s)}{N(s)}$，$\frac{C(s)}{F(s)}$，$\frac{E(s)}{F(s)}$。

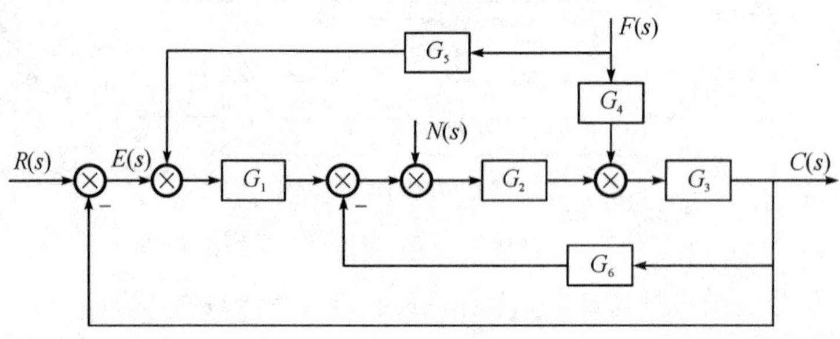

图 2.9 习题 2-6 图

【解】 (1) 求 $\frac{C(s)}{R(s)}$，$\frac{E(s)}{R(s)}$。

令 $N(s)=0$　$F(s)=0$

$$\frac{C(s)}{R(s)}=\frac{G_1G_2G_3}{1+G_1G_2G_3+G_2G_3G_6}$$

$$\frac{E(s)}{R(s)}=\frac{1+G_2G_3G_6}{1+G_1G_2G_3+G_2G_3G_6}$$

（2）求$\frac{C(s)}{N(s)}$，$\frac{E(s)}{N(s)}$。

令 $R(s)=0$　$F(s)=0$

$$\frac{C(s)}{N(s)}=\frac{G_2G_3}{1+G_1G_2G_3+G_2G_3G_6}$$

$$\frac{E(s)}{N(s)}=-\frac{G_2G_3}{1+G_1G_2G_3+G_2G_3G_6}$$

（3）求$\frac{C(s)}{F(s)}$，$\frac{E(s)}{F(s)}$。

令 $R(s)=0$　$N(s)=0$

$$\frac{C(s)}{F(s)}=\frac{G_1G_2G_3G_5+G_3G_4}{1+G_1G_2G_3+G_2G_3G_6}$$

$$\frac{E(s)}{F(s)}=-\frac{G_1G_2G_3G_5+G_3G_4}{1+G_1G_2G_3+G_2G_3G_6}$$

2-7　一系统在零初始条件下，其单位阶跃响应为 $c(t)=1(t)-2e^{-4t}+e^{-t}$，试求系统的传递函数和脉冲响应。

【解】　由拉普拉斯反变换，得

$$C(s)=\frac{(7s+4)}{s(s+4)(s+1)}$$

由系统为单位阶跃响应，得系统传递函数为

$$G(s)=s\cdot C(s)=\frac{(7s+4)}{(s+4)(s+1)}$$

由拉普拉斯变换可得单位脉冲响应为

$$g(t)=8e^{-4t}-e^{-t}$$

2-8　已知系统的框图如图 2.10 所示，$E(s)=R(s)-C(s)$，试求系统的传递函数 $C(s)/R(s)$和 $E(s)/D(s)$。

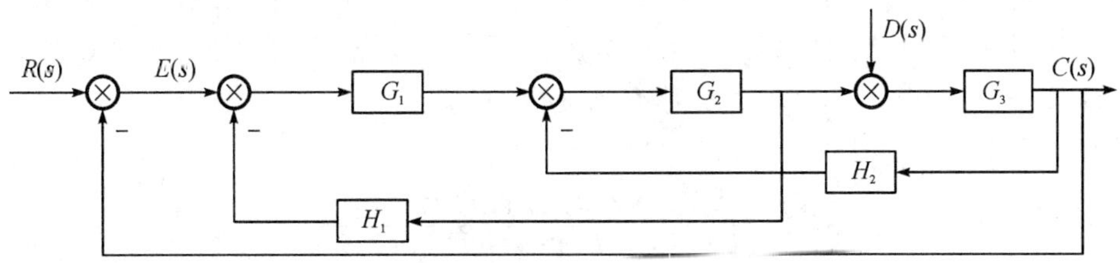

图 2.10　习题 2-8 图

【解】 由源节点 R 到阱节点 C 有 3 条单独回路，$L_1=G_1G_2H_1$，$L_2=G_2G_3H_2$，$L_3=G_1G_2G_3$，$\Delta=1+G_1G_2H_1+G_2G_3H_2+G_1G_2G_3$。

对$\dfrac{C(s)}{R(s)}$，由源节点 R 到阱节点 C 有 1 条前向通路，$P_1=G_1G_2G_3$，$\Delta_1=1$。

$$\frac{C(s)}{R(s)}=\frac{G_1G_2G_3}{1+G_2G_3H_2+G_1G_2H_1+G_1G_2G_3}$$

对$\dfrac{E(s)}{D(s)}$，由源节点 R 到阱节点 C 有 1 条前向通路，$P_1=-G_3$，$\Delta_1=1+G_1G_2H_1$。

$$\frac{E(s)}{D(s)}=\frac{-G_3(1+G_1G_2H_1)}{1+G_2G_3H_2+G_1G_2H_1+G_1G_2G_3}$$

2-9 已知系统的信号流图如图 2.11 所示，试求系统的闭环传递函数 $C(s)/R(s)$。

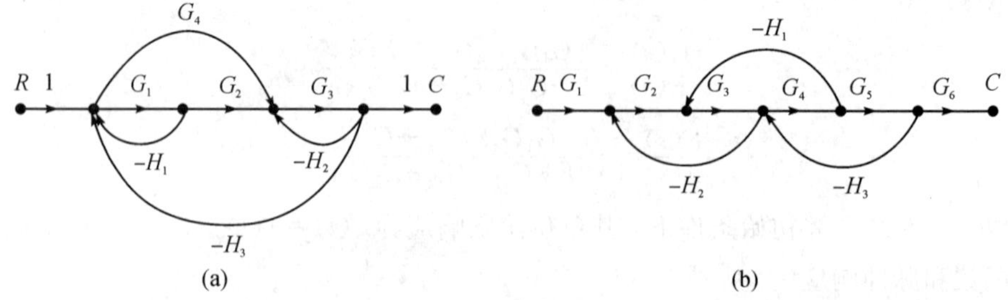

图 2.11　习题 2-9 图

【解】

(1) 从信号流图可见，有 4 个单独回路：$L_1=-G_1H_1$，$L_2=-G_3H_2$，$L_3=-G_1G_2G_3H_3$，$L_4=-G_3G_4H_3$；两两不接触回路：$L_1L_2=G_1G_3H_1H_2$，则

$$\Delta=1+G_1H_1+G_3H_2+G_1G_2G_3H_3+G_3G_4H_3+G_1G_3H_1H_2$$

由源节点 R 到阱节点 C 有 2 条前向通路：$P_1=G_1G_2G_3$，$P_2=G_4G_3$，$\Delta_1=\Delta_2=1$。

由梅森公式得

$$\frac{C(s)}{R(s)}=\frac{G_1G_2G_3+G_3G_4}{1+G_1H_1+G_3H_2+G_1G_2G_3H_3+G_3G_4H_3+G_1G_3H_1H_2}$$

(2) 从信号流图可见，有 3 条单独回路：$L_1=-G_3G_4H_1$，$L_2=-G_2G_3H_2$，$L_3=-G_4G_5H_3$；无两两不接触回路。由源节点 R 到阱节点 C 有 1 条前向通路：$P_1=G_1G_2G_3G_4G_5G_6$，$\Delta_1=1$，$\Delta=1+G_3G_4H_1G_2G_3H_2G_4G_5H_3$。

由梅森公式得

$$\frac{C(s)}{R(s)}=\frac{G_1G_2G_3G_4G_5G_6}{1+G_3G_4H_1+G_2G_3H_2+G_4G_5H_3}$$

2-10　已知二阶系统模拟电路图如图 2.12 所示，试画出二阶系统的方框图并求系统的传递函数 $C(s)/R(s)$ 。

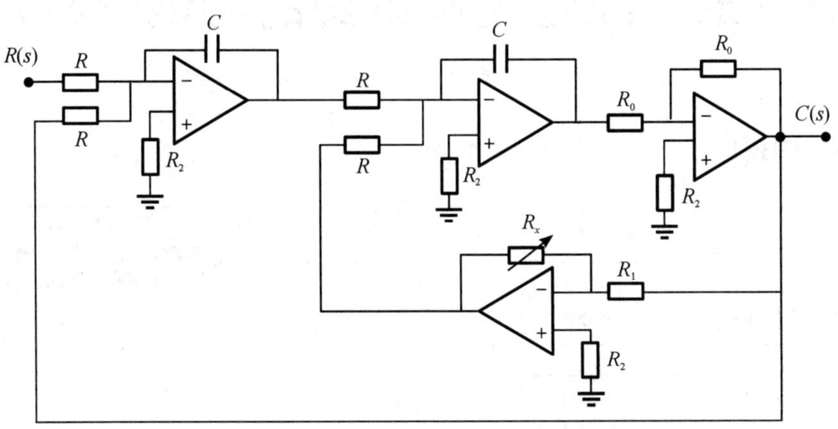

图 2.12　习题 2-10 图

【解】　将二阶系统的模拟电路变换为方框图，如图 2.13 所示。其中 $T=RC$，$K=\dfrac{R_x}{R_1}$。

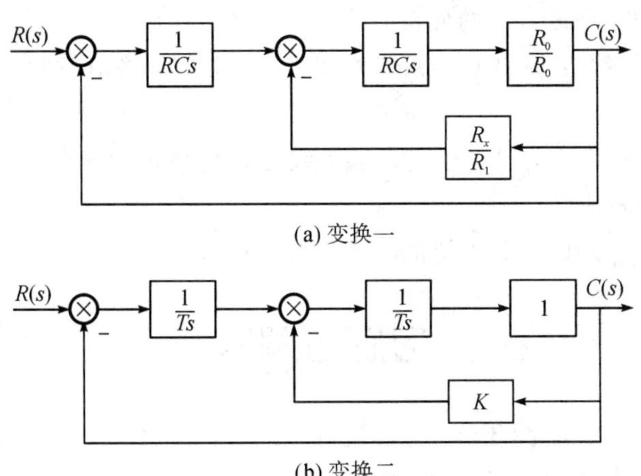

图 2.13　习题 2-10 解图

解得系统的传递函数为

$$\frac{C(s)}{R(s)}=\frac{1}{T^2s^2+TKs+1}$$

第三章　线性控制系统的时域分析法

一、知识点网络图

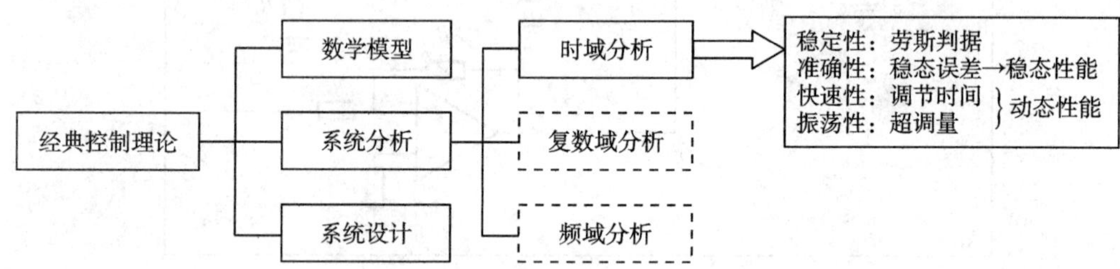

二、学习目的

掌握线性系统的一种最直接的分析方法——时域分析法。

(1) 掌握的重要概念：超调量、调节时间、上升时间、峰值时间，主导极点，稳定性，稳态误差。

(2) 重点掌握二阶系统的动态性能分析，线性系统稳定的充分必要条件，劳斯稳定性判据，系统稳态误差的计算。

(3) 掌握 PI、PD、PID 控制规律的时域分析。

习题与解答

3-1　设温度计为一惯性环节，把温度计放入被测物体内，要求在 1 min 时显示出稳态值的 98%，求此温度计的时间常数。

【解】　惯性环节显示出稳态值的 98%时所对应的时间为时间常数的四倍，即

$$t_s=1\ \text{min}=60\ \text{s}=4T,\ T=\frac{60}{4}=15$$

则惯性环节的传递函数为

$$G(s)=\frac{1}{15s+1}$$

3－2　某控制系统的微分方程式为

$$0.5\frac{\mathrm{d}c(t)}{\mathrm{d}t}+c(t)=10r(t)$$

设初始条件为零，试写出该系统的单位脉冲、单位阶跃和单位斜坡响应函数。

【解】　由于初始条件为零，对微分方程两边进行拉普拉斯变换可得

$$0.5sC(s)+C(s)=10R(s)$$

则系统的传递函数为

$$\Phi(s)=\frac{10}{(0.5s+1)}=\frac{20}{s+2}$$

当输入为单位脉冲信号时，$R(s)=1$，系统的单位脉冲响应为

$$k(t)=\mathscr{L}^{-1}[\Phi(s)]=\mathscr{L}^{-1}\left[\frac{20}{s+2}\right]=20\mathrm{e}^{-2t}\qquad(t\geqslant 0)$$

当输入为单位阶跃信号时，$R(s)=\frac{1}{s}$，系统的单位阶跃响应为

$$h(t)=\mathscr{L}^{-1}[\Phi(s)\cdot\frac{1}{s}]=\mathscr{L}^{-1}\left[\frac{20}{s^2+2s}\right]=10(1-\mathrm{e}^{-2t})\qquad(t\geqslant 0)$$

当输入为单位斜坡信号时，$R(s)=\frac{1}{s^2}$，系统的单位斜坡响应为

$$c(t)=\mathscr{L}^{-1}\left[\Phi(s)\cdot\frac{1}{s^2}\right]=\mathscr{L}^{-1}\left[\frac{20}{s^3+2s^2}\right]=5(\mathrm{e}^{-2t}+2t-1)\qquad(t\geqslant 0)$$

3－3　已知单位负反馈系统的开环传递函数为 $G(s)=\frac{16}{s(s+4)}$，试求：

(1) 该系统的单位阶跃响应；

(2) 系统的上升时间 t_r、系统的超调量 $M_p(\%)$、峰值时间 t_p 和调整时间 $t_s(\Delta=\pm 0.05)$。

【解】　(1)

$$\begin{cases}\omega_n^2=16\\2\xi\omega_n=4\end{cases}\Rightarrow\begin{cases}\omega_n=4\\\xi=0.5\end{cases}$$

对于典型二阶系统欠阻尼情况，可以利用公式直接计算。

单位阶跃响应为

$$\begin{aligned}h(t)&=1-\frac{\mathrm{e}^{-\xi\omega_n t}}{\sqrt{1-\xi^2}}\sin(\sqrt{1-\xi^2}\,\omega_n t+\beta)\\&=1-\frac{\mathrm{e}^{-2t}}{\sqrt{1-0.5^2}}\sin(4\sqrt{1-0.5^2}\,t+\arccos 0.5)\\&=1-\frac{2\sqrt{3}}{3}\mathrm{e}^{-2t}\sin(2\sqrt{3}t+60^\circ)\quad(t\geqslant 0)\end{aligned}$$

系统的单位阶跃响应的 MATLAB 命令如下：

```
num=[16];
den=[1 4 16];
step(num, den)  %step为单位阶跃响应函数
```

系统的单位阶跃响应曲线如图 3.1 所示。

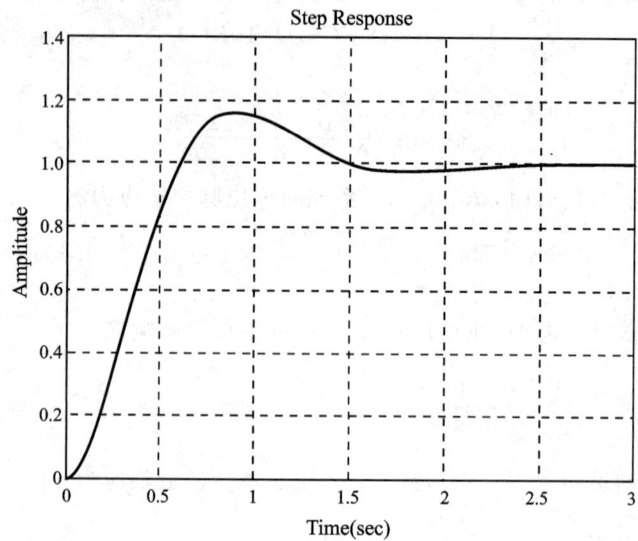

图 3.1 系统的单位阶跃响应曲线

(2) 系统性能指标为

$$t_r=\frac{\pi-\beta}{\sqrt{1-\xi^2}\omega_n}=0.605\ \text{s}$$

$$t_p=\frac{\pi}{\sqrt{1-\xi^2}\omega_n}=0.905\ \text{s}$$

$$t_s\approx\frac{3}{\xi\omega_n}=1.5\ \text{s}\ (\Delta=5\%);\quad t_s\approx\frac{4}{\xi\omega_n}=2\ \text{s}\quad(\Delta=2\%)$$

$$M_p=e^{-\frac{\xi\pi}{\sqrt{1-\xi^2}}}\times100\%=16.3\%$$

系统的性能指标程序如下:

```
num=[16];
den=[1 4 16];
t=0:0.005:5;
[y, x, t]=step(num, den, t);
r=1;while y(r)<1.0001;r=r+1;end;
```

```
rise_time=(r-1)*0.005
[ymax, tp]=max(y);
peak_time=(tp-1)*0.005
max_overshoot=ymax-1
s=1001;while y(s)>=0.95&y(s)<=1.05;s=s-1;end;
settling_time=(s-1)*0.005
```

运行结果为：rise_time = 0.6050，peak_time =0.9050；max_overshoot = 0.1630，settling_time = 1.3200。

注意程序运行所得的调节时间和计算结果有一定的误差，这是因为调节时间的计算公式是由其阶跃曲线的包络线近似得到的。

3-4　已知控制系统的单位阶跃响应为 $c(t)=1+0.2e^{-60t}-1.2e^{-10t}$。

(1) 求系统的闭环传递函数；

(2) 计算系统的无阻尼自然频率 ω_n 和系统的阻尼比 ξ；

(3) 求最大超调量和调节时间。

【解】　$C(s)=\dfrac{1}{s}+\dfrac{0.2}{s+60}-\dfrac{1.2}{s+10}$，$R(s)=\dfrac{1}{s}$

(1)
$$\frac{C(s)}{R(s)}=1+\frac{0.2s}{s+60}-\frac{1.2s}{s+10}=\frac{600}{s^2+70s+600}$$

(2)
$$\begin{cases}\omega_n=600\\2\xi\omega_n=70\end{cases}\Rightarrow\begin{cases}\omega_n=10\sqrt{6}=24.5\\\xi=1.43\end{cases}$$

(3) 由 $\xi=1.43>1$，过阻尼，可得

$$M_p=0$$

$$\frac{C(s)}{R(s)}=\frac{600}{(s+60)(s+10)}=\frac{1}{\left(\frac{1}{60}s+1\right)\left(\frac{1}{10}s+1\right)}$$

由 $T_1=\dfrac{1}{10}=0.1>5\times T_2$，$T_2=\dfrac{1}{60}$，可得

$$t_s\approx 3T_1=3\times 0.1=0.3\ \text{s}(\Delta\%=5\%)$$

MATLAB 程序可以参照题 3-3 编写。

3-5　已知二阶系统的单位阶跃响应为

$$c(t)=10-12.5e^{-1.2t}\sin(1.6t+53.1^\circ)$$

求系统的超调量 $M_p(\%)$、峰值时间 t_p 和调整时间 $t_s(\Delta=\pm 0.05)$。

【解】 已知 $c(t)=10-12.5\mathrm{e}^{-1.2t}\sin(1.6t+53.1°)$ 与二阶系统的单位阶跃通式：

$$c(t)=K\left(1-\frac{1}{\sqrt{1-\xi^2}}\mathrm{e}^{-\xi\omega_n t}\sin(\omega_d t+\beta)\right)$$

对比可得

$$\omega_d=\omega_n\sqrt{1-\xi^2}=1.6$$

$$\xi\omega_n=1.2$$

则求得

$$K=10,\ \omega_n=2,\ \xi=0.6$$

因此

$$M_p=\mathrm{e}^{-\frac{\pi\xi}{\sqrt{1-\xi^2}}}\times 100\%=9.5\%$$

$$t_p=\frac{\pi}{\omega_d}=1.96\ \mathrm{s},\ t_s=\frac{3}{\xi\omega_n}=2.5\ \mathrm{s}$$

其 MATLAB 程序可以参照题 3-3 编写。

3-6 已知单位负反馈二阶系统的单位阶跃响应曲线如图 3.2 所示，试确定系统的开环传递函数。

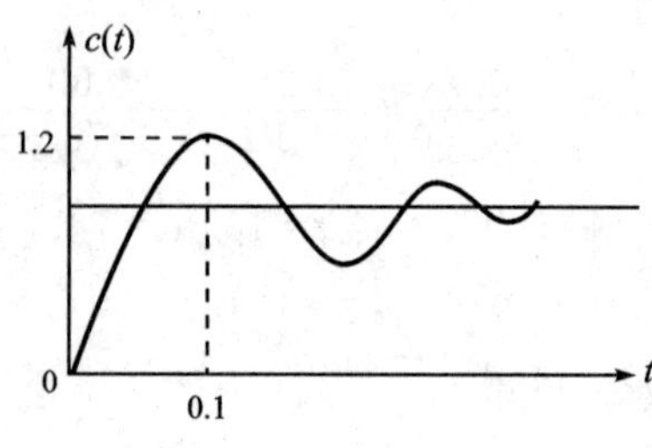

图 3.2 习题 3-6 图

【解】

$$M_p=\mathrm{e}^{-\frac{\xi\pi}{\sqrt{1-\xi^2}}}\times 100\%=0.2\ \Rightarrow\ \xi=0.456$$

$$t_p=\frac{\pi}{\sqrt{1-\xi^2}\ \omega_n}=0.1\Rightarrow\ \omega_n\approx 35.23$$

系统的开环传递函数为

$$G_k(s)=\frac{\omega_n^2}{s(s+2\xi\omega_n)}=\frac{1246}{s(s+32.2)}$$

3-7 已知系统的结构图如图 3.3 所示

(1) 当 $k_d=0$ 时，求系统的阻尼比 ξ、无阻尼振荡频率 ω_n 和单位斜坡输入时的稳态误差；

(2) 确定 k_d 以使 $\xi=0.707$，并求当输入为单位斜坡函数时系统的稳态误差。

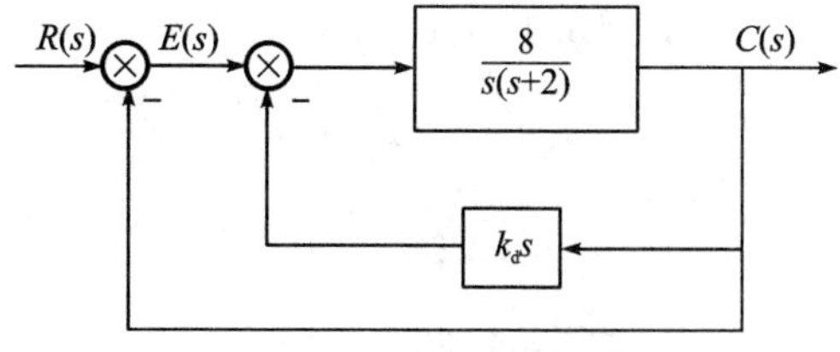

图 3.3　习题 3-7 图

【解】 (1) 当 $k_d=0$ 时，有

$$G_k(s)=\frac{8}{s(s+2)} \Rightarrow \begin{cases}\omega_n^2=8\\ 2\xi\omega_n=2\end{cases} \Rightarrow \begin{cases}\omega_n=2\sqrt{2}\\ \xi=\dfrac{\sqrt{2}}{4}\end{cases}$$

$$G_k(s)=\frac{8}{s(s+2)}=\frac{4}{s\left(\frac{1}{2}s+1\right)} \quad \Rightarrow \quad \text{系统为 I 型，} K_v=4 \quad \Rightarrow e_{ss}=\frac{1}{K_v}=0.25$$

(2) 当 $k_d\neq 0$ 时，有

$$G_k(s)=\frac{\dfrac{8}{s(s+2)}}{1+\dfrac{8k_d}{(s+2)}}=\frac{8}{s[s+2(1+4k_d)]} \quad \Rightarrow \begin{cases}\omega_n^2=8\\ 2\xi\omega_n=2(1+4k_d)\\ \xi=0.707\end{cases} \Rightarrow \begin{cases}\omega_n=2\sqrt{2}=2.83\\ k_d=\dfrac{1}{4}\end{cases}$$

$$G_k(s)=\frac{8}{s(s+4)}=\frac{2}{s(0.25s+1)} \quad \Rightarrow \quad \nu=1\text{，系统为 I 型，} K_v=2 \quad \Rightarrow \quad e_{ss}=\frac{1}{K_v}=0.5$$

3-8　已知控制系统如图 3.4 所示，求系统的阻尼比 $\xi=0.6$ 时的 a 值和相应的 t_p、M_p、t_s。

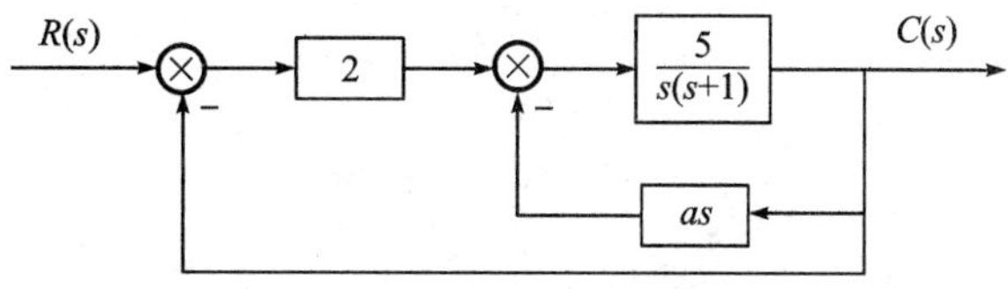

图 3.4　习题 3-8 图

【解】 系统的闭环传递函数为

$$\Phi(s)=\frac{2\dfrac{5}{s(s+1)}}{1+2\dfrac{5}{s(s+1)}+\dfrac{5as}{s(s+1)}}=\frac{10}{s^2+(1+5a)s+10}$$

经与二阶系统闭环传递函数的一般式比较得

$$\omega_n^2=10,\ 2\xi\omega_n=1+5a$$

解得

$$\omega_n=3.16\ \text{rad/s},\ a=0.56$$

计算系统的动态性能，有

$$t_p=\frac{\pi}{\omega_n\sqrt{1-\xi^2}}=1.24$$

$$t_s=\frac{3.0}{\xi\omega_n}=1.58\ \text{s}$$

$$M_p=e^{\frac{-\xi\pi}{\sqrt{1-\xi^2}}}\times 100\%=9.5\%$$

其 MATLAB 程序可以参照题 3－3 编写。

3－9 已知控制系统如图 3.5 所示，若要求系统的超调量 $M_p=0.25$，峰值时间 $t_p=2$ s，试确定 K_1 和 K_t。

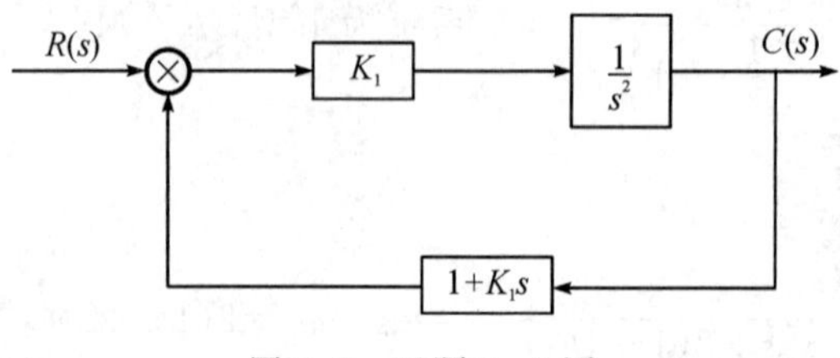

图 3.5　习题 3－9 图

【解】 根据超调量和峰值时间的定义，有

$$M_p=e^{\frac{-\xi\pi}{\sqrt{1-\xi^2}}}\times 100\%=25\%$$

$$t_p=\frac{\pi}{\omega_n\sqrt{1-\xi^2}}=2\ \text{s}$$

计算得

$$\omega_n=1.72\ \text{rad/s},\ \xi=0.405$$

系统的传递函数为

$$\frac{C(s)}{R(s)}=\frac{\frac{K_1}{s^2}}{1+\frac{K_1}{s^2}(1+K_t s)}=\frac{K_1}{s^2+K_1K_t s+K_1}$$

经与二阶系统闭环传递函数的一般式比较得

$$K_1=\omega_n^2=2.96$$

$$K_1K_t=2\xi\omega_n=1.39$$

可得

$$K_t=0.47$$

3-10　已知系统特征方程如下，试求系统在 s 右半平面根的个数和虚根值。

(1) $s^5+3s^4+12s^3+24s^2+32s+48=0$。

(2) $s^6+4s^5-4s^4+4s^3-7s^2-8s+10=0$。

(3) $s^5+7s^4+6s^3+42s^2+8s+56=0$。

(4) $s^4+7s^3+42s+30=0$。

(5) $s^5+2s^4+3s^3+6s^2+5s+3=0$。

【解】　(1) 由系统特征方程，列劳斯表如下：

s^5	1	12	32
s^4	3	24	48
s^3	4	16	
s^2	12	48	
s^1	0	0	

出现了全零行，要构造辅助方程。

由全零行的上一行构造辅助方程 $12s^2+48=0$，对其求导，得 $24s=0$，故原全零行替代为

s^1	24
s^0	48

表中第一列元素出现零行，系统不稳定。

由辅助方程求解 $12s^2+48=0$ 得系统的根为

$$s_{1,2}=\pm 2\mathrm{j}$$

所以，系统有一对纯虚根。s 右半平面无根，但有一对在虚轴上的纯虚根，系统不稳定。

利用 MATLAB 命令验证如下：

```
n=[1 3 12 24 32 48];
roots(n)
```

运行结果如下：

```
ans =
   -2.0000
   -0.5000+2.3979i
   -0.5000-2.3979i
    0.0000+2.0000i
    0.0000-2.0000i
```

（2）由系统特征方程，列劳斯表如下：

$$\begin{array}{lllll} s^6 & 1 & -4 & -7 & 10 \\ s^5 & 4 & 4 & -8 & \\ s^4 & -5 & -5 & 10 & \\ s^3 & 0 & 0 & & \end{array}$$

出现了全零行，要构造辅助方程。

由全零行的上一行构造辅助方程 $-5s^4-5s^2+10=0$，对其求导，得 $-20s^3-10s=0$。故原全零行替代为

$$\begin{array}{lll} s^3 & -20 & -10 \\ s^2 & -2.5 & 10 \\ s^1 & -90 & \\ s^0 & 10 & \end{array}$$

表中第一列元素变号两次，故 s 右半平面有两个闭环极点，系统不稳定。

对辅助方程 $-5s^4-5s^2+10=0$ 化简得

$$(s^2-1)(s^2+2)=0 \qquad ①$$

由 $D(s)$/辅助方程得余因式为

$$(s-1)(s+5)=0 \qquad ②$$

求解①、②，得系统的根为

$$s_{1,2}=\pm \mathrm{j}\sqrt{2}, \quad s_{3,4}=\pm 1, \; s_5=1, \; s_6=-5$$

所以系统有两个右根，一对虚轴上的纯虚根，虚根值为 $\pm\sqrt{2}\mathrm{j}$。

利用 MATLAB 命令验证如下：

```
n=[1 4 -4 4 -7 -8 10];
roots(n)
```

运行结果如下：

```
ans =
-5.0000
0.0000+1.4142i
0.0000-1.4142i
-1.0000
1.0000+0.0000i
1.0000-0.0000i
```

（3）由系统特征方程，列劳斯表如下：

s^5	1	6	8
s^4	7	42	56
s^3	0	0	

出现了全零行，要构造辅助方程。

由全零行的上一行构造辅助方程 $7s^4+42s^2+56=0$，对其求导，得 $28s^3+84s=0$。因此原全零行替代为

s^3	28	84
s^2	21	56
s^1	$\frac{196}{21}$	0
s^0	56	

表中第一列元素没有符号变化，但是有零行，所以系统不稳定，s 平面有四个纯虚根。

利用 MATLAB 命令验证如下：

```
n=[1 7 6 42 8 56];
roots(n)
```

运行结果如下：

```
ans = -7.0000
   -0.0000+2.0000i
   -0.0000-2.0000i
   -0.0000+1.4142i
   -0.0000-1.4142i
```

(4) 由系统特征方程，列劳斯表如下：

s^4	1	0	30
s^3	7	42	0
s^2	−6	30	0
s^1	77	0	
s^0	30		

表中第一列元素有两次符号变化，s 右半平面有两个右根。闭环系统不稳定。

利用 MATLAB 命令验证如下：

```
n=[1 7 0 42 30];
roots(n)
```

运行结果如下：

```
ans =
  -7.6506
    0.6598+2.3291i
    0.6598-2.3291i
  -0.6691
```

(5) 由系统特征方程，列劳斯表如下：

s^5	1	3	5
s^4	2	6	3
s^3	$0(\varepsilon)$	$\frac{7}{2}$	0
s^2	$6\varepsilon-7$	3ε	
s^1	$21\varepsilon-24.5-3\varepsilon^2$	0	
s^0	3ε		

由于 ε 是正的无穷小量，表中第一列元素有两次符号变化，所以 s 右半平面有两个正根，故闭环系统不稳定。

利用 MATLAB 命令验证如下：

```
n=[1 2 3 6 5 3];
roots(n)
```

运行结果如下：

```
ans =
    0.3429+1.5083i
    0.3429-1.5083i
  -1.6681
  -0.5088+0.7020i
  -0.5088-0.7020i
```

3-11 已知下列各单位负反馈系统的开环传递函数为

(1) $G(s)=\dfrac{100}{s(s^2+8s+24)}$；

(2) $G(s)=\dfrac{10(s+1)}{s(s-1)(s+5)}$；

(3) $G(s)=\dfrac{10}{s(s-1)(2s+3)}$。

试判断闭环系统的稳定性。

【解】 （1）系统的闭环传递函数为

$$\Phi(s)=\frac{100}{s^3+8s^2+24s+100}$$

得到系统的特征方程为

$$D(s)=s^3+8s^2+24s+100$$

由劳斯稳定判据，$n=3$，且 $a_1a_2-a_0a_3>0$，可知系统稳定。

（2）系统的闭环传递函数为

$$\Phi(s)=\frac{10s+10}{s^3+4s^2+5s+10}$$

得到系统的特征方程为

$$D(s)=s^3+4s^2+5s+10$$

由劳斯稳定判据，$n=3$，且 $a_1a_2-a_0a_3>0$，可知系统稳定。

（3）系统的闭环传递函数为

$$\Phi(s)=\frac{10}{2s^3+s^2-3s+10}$$

得到系统的特征方程为

$$D(s)=2s^3+s^2-3s+10$$

由劳斯稳定判据，$n=3$，但 $a_2<0$，可知系统不稳定。

3-12　已知闭环系统的特征方程如下：

（1）$0.1s^3+s^2+s+K=0$；

（2）$s^4+4s^3+13s^2+36s+K=0$。

试确定系统稳定的 K 值范围。

【解】 （1）由劳斯稳定判据，$n=3$，且 $a_1a_2-a_0a_3>0$，可得 $1-0.1K>0$，解得 $0<K<10$。

（2）列劳斯表，得

$$\begin{array}{llll} s^4 & 1 & 13 & K \\ s^3 & 4 & 36 & 0 \\ s^2 & 4 & K & 0 \\ s^1 & 36-K & 0 & \\ s^0 & K & 0 & \end{array}$$

解得 $0<K<36$。

3-13 若单位反馈控制系统的开环传递函数分别如下：

(1) $G(s)=\dfrac{K}{s(s^2+2s+2)}$；

(2) $G(s)=\dfrac{K(s+4)}{s(s+1)(s+2)(s+5)}$。

试确定使闭环系统稳定时开环放大系数 K 的取值范围。

【解】

(1) 系统的闭环传递函数为

$$\Phi(s)=\frac{K}{s^3+2s^2+2s^1+K}$$

得到系统的特征方程为

$$D(s)=s^3+2s^2+2s^1+K$$

列劳斯表，得

$$\begin{array}{lcc} s^3 & 1 & 2 \\ s^2 & 2 & K \\ s^1 & 4-K & 0 \\ s^0 & K & \end{array}$$

解得 $K\in(0,4)$。

(2) 系统的闭环传递函数为

$$\Phi(s)=\frac{Ks+4K}{s^4+8s^3+17s^2+(10+K)s+4K}$$

得到系统的特征方程为

$$D(s)=s^4+8s^3+17s^2+(10+K)s+4K$$

由劳斯稳定判据，解得 $K\in(0,8.49)$。

3-14 一单位负反馈系统的开环传递函数为

$$G(s)=\frac{K}{(s+2)(s+4)(s^2+6s+25)}$$

试求闭环系统产生持续等幅振荡的 K 值和相应的振荡频率。

【解】 特征方程为

$$D(s)=s^4+12s^3+69s^2+198s+200+K=0$$

列劳斯表，得

s^4	1	69	$200+K$
s^3	12	198	
s^2	$\dfrac{105}{2}$	$200+K$	
s^1	$198-\dfrac{24}{105}(200+K)$		
s^0	$200+K$		

令 s^1 行首项为零，$198-\dfrac{24}{105}(200+K)=0$

解得

$$K=666.25$$

将 $K=666.25$ 代入特征方程中，解得 $s=\pm 4\mathrm{j}$。

所以，振荡频率 $\omega=4$。

3-15　具有速度反馈的电机控制系统如图 3.6 所示，试确定系统稳定时 K_i 的取值范围。

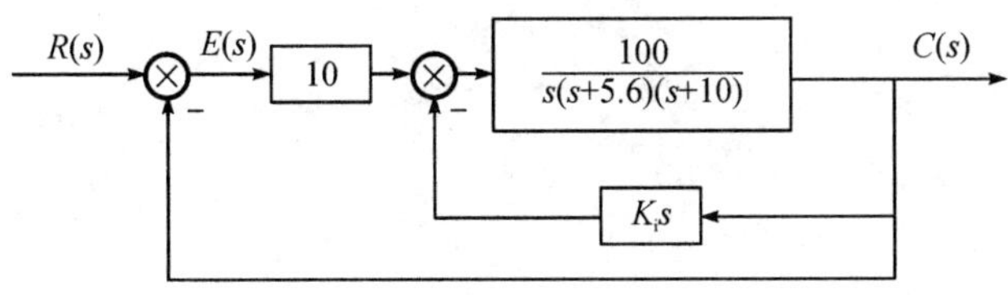

图 3.6　习题 3-15 图

【解】　闭环传递函数为

$$\frac{C(s)}{R(s)}=\frac{1000}{s^3+15.6s^2+(56+100K_i)s+1000}$$

特征方程为

$$D(s)=s^3+15.6s^2+(56+100K_i)s+1000=0$$

列劳斯表，得

s^3	1	$56+K_i$
s^2	15.6	1000
s^1	$\dfrac{15.6\times(56+100K_i)-1000}{15.6}$	0
s^0	1000	

令劳斯表第一列各项均为正，则

$$\frac{15.6\times(56+100K_{\mathrm{i}})-1000}{15.6}>0$$

即
$$\begin{cases}100K_{\mathrm{i}}+56>0\\15.6(100K_{\mathrm{i}}+56)>1000\end{cases}\quad\Rightarrow\quad K_{\mathrm{i}}>0.081$$

3-16 设系统的闭环传递函数为

$$\frac{C(s)}{R(s)}=\frac{12}{s^3+8s^2+14s+12}$$

判断该系统是否存在主导极点，若存在，试用主导极点估算该系统的最大超调量 M_{p} 和调节时间 t_{s}。

【解】 特征方程为

$$D(s)=s^3+8s^2+14s+12=(s+6)(s^2+2s+2)=0$$

解得闭环极点为

$$s_{1,2}=-1\pm\mathrm{j},\quad s_3=-6$$

利用 MATLAB 命令：

```
n=[1 8 14 12];
roots(n)
```

求得闭环极点为

```
ans =
      -6.0000
      -1.0000+1.0000i
      -1.0000-1.0000i
```

由靠近虚轴的一对共轭复数极点 $s_{1,2}$ 的实部和负实数极点 s_3 实部的比值：$\frac{-1}{-6}=0.167<5$，可以确定 $s_{1,2}$ 为系统的主导极点。

$$\omega_{\mathrm{n}}=\sqrt{2}=1.414\ \mathrm{rad/s},\ \xi=\frac{2}{2\omega_{\mathrm{n}}}=0.707$$

$$M_{\mathrm{p}}=\mathrm{e}^{\frac{-\pi\xi}{\sqrt{1-\xi^2}}}\times100\%=\mathrm{e}^{\frac{-\pi\times0.707}{\sqrt{1-0.707^2}}}\times100\%=4.3\%$$

$$t_{\mathrm{s}}=\frac{3.0}{\xi\omega_{\mathrm{n}}}=\frac{3.0}{0.707\times1.414}\approx3.0\ \mathrm{s}$$

3-17 已知单位负反馈系统的开环传递函数为

(1) $G(s)=\dfrac{100}{(0.1s+1)(s+5)}$；

(2) $G(s)=\dfrac{50}{s(0.1s+1)(s+5)}$；

(3) $G(s)=\dfrac{10(2s+1)}{s^2(s^2+6s+100)}$。

试求输入分别为 $r(t)=2t$ 和 $r(t)=2+2t+t^2$ 时，系统的稳态误差。

【解】 系统的稳态误差可以通过静态误差系数法或终值定理来求解，注意求解系统的稳态误差前必须考察系统是否稳定。

(1) 由于系统为单位负反馈系统，根据开环传递函数可以求得闭环系统的特征方程为

$$D(s)=0.1s^2+1.5s+105=0$$

由劳斯判据可知，$n=2$ 且各项系数为正，因此系统是稳定的。

由

$$G(s)=\frac{100}{(0.1s+1)(s+5)}=\frac{20}{(0.1s+1)(0.2s+1)}$$

可知，系统是 0 型系统，且 $K=20$。由于 0 型系统在 $1(t)$、t、$\frac{1}{2}t^2$ 信号作用下的稳态误差分别为 $\frac{1}{1+K}$、∞、∞，故根据线性叠加原理有：

当系统输入为 $r(t)=2t$ 时，系统的稳态误差 $e_{ss1}=\infty$；

当系统输入为 $r(t)=2+2t+t^2$ 时，系统的稳态误差 $e_{ss2}=\frac{2}{K}+\infty+\infty=\infty$。

(2) 由于系统为单位负反馈系统，根据开环传递函数可以求得闭环系统的特征方程为

$$D(s)=0.1s^2+1.5s^2+5s+50=0$$

由劳斯判据可知，$n=3$，各项系数 $a_0=0.1$，$a_1=1.5$，$a_2=5$，$a_3=50$ 均为正，且 $a_1a_2-a_0a_3=2.5>0$，因此系统是稳定的。

由

$$G(s)=\frac{10}{s(0.1s+1)(0.2s+1)}$$

可知，系统是Ⅰ型系统，$K=10$。由于Ⅰ型系统在 $1(t)$、t、$\frac{1}{2}t^2$ 信号作用下的稳态误差分别为 0、$\frac{1}{K}$、∞，故根据线性叠加原理有：

当系统输入为 $r(t)=2t$ 时，系统的稳态误差 $e_{ss1}=\frac{2}{K}=0.2$；

当系统输入为 $r(t)=2+2t+t^2$ 时，系统的稳态误差 $e_{ss2}=0+\frac{2}{K}+\infty=\infty$。

(3) 由于系统为单位负反馈系统，根据开环传递函数可以求得闭环系统的特征方程为

$$D(s)=s^4+6s^3+100s^2+20s+10=0$$

由劳斯判据可知，系统是稳定的。

由

$$G(s)=\frac{10(2s+1)}{s^2(s^2+6s+100)}=\frac{0.1(2s+1)}{s^2(0.01s^2+0.06s+1)}$$

可知，系统是Ⅱ型系统，$K=0.1$。由于Ⅱ型系统在 $1(t)$、t、$\frac{1}{2}t^2$ 信号作用下的稳态误差分别为 0、0、$\frac{1}{K}$，故根据线性叠加原理有：

当系统输入为 $r(t)=2t$ 时，系统的稳态误差 $e_{ss1}=0$；

当系统输入为 $r(t)=2+2t+t^2$ 时，系统的稳态误差 $e_{ss2}=0+0+\frac{2}{K}=20$。

3-18 一单位负反馈控制系统的开环传递函数为

$$G(s)=\frac{10}{s(1+0.1s)}$$

(1) 求系统的静态误差系数 K_p、K_v、K_a；

(2) 当输入 $r(t)=a_0+a_1t+\frac{1}{2}a_2t^2$ 时，求系统的稳态误差。

【解】 此系统稳定。

(1) $K_p=\lim\limits_{s\to 0}G(s)=\lim\limits_{s\to 0}\frac{10}{s(1+0.1s)}=\infty$

$$K_v=\lim_{s\to 0}sG(s)=\lim_{s\to 0}s\frac{10}{s(1+0.1s)}=10$$

$$K_a=\lim_{s\to 0}s^2G(s)=\lim_{s\to 0}s^2\frac{10}{s(1+0.1s)}=0$$

(2) $e_{ss1}=\frac{a_0}{1+K_p}=0$

$$e_{ss2}=\frac{a_1}{K_v}=\frac{a_1}{10}$$

$$e_{ss3}=\frac{a_2}{K_a}=\infty$$

$$e_{ss}=e_{ss1}+e_{ss2}+e_{ss3}=\infty$$

3-19 系统框图如图 3.7 所示，已知 $r(t)=4+6t$，$n(t)=-1(t)$。

(1) 试求系统给定作用的稳态误差和扰动作用的稳态误差。

(2) 若要想减小扰动 $n(t)$ 产生的误差，应提高哪一个比例系数？

(3) 试求系统总的稳态误差。

(4) 若将积分因子移到扰动作用点之前，系统的稳态误差如何变化？

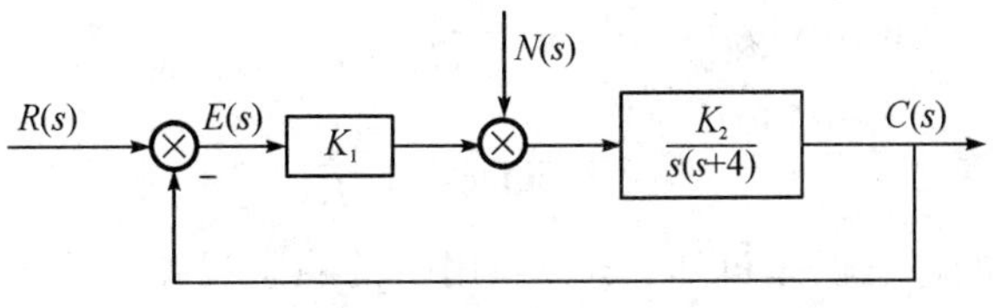

图 3.7 习题 3-19 图

【解】 (1) 系统给定作用的稳态误差：

$$R(s)=\frac{4}{s}+\frac{6}{s^2},\quad N(s)=-\frac{1}{s}$$

开环传递函数为

$$G_k(s)=\frac{K_1K_2}{s(s+4)}=\frac{\frac{K_1K_2}{4}}{s(0.25s+1)}\quad\Rightarrow\quad \nu=1，系统为\,\text{I}\,型系统，K_v=\frac{K_1K_2}{4}，e_{sr}=\frac{24}{K_1K_2}$$

扰动作用的稳态误差：

$$n(t)=-1(t),\quad N(s)=-\frac{1}{s}\quad\Rightarrow$$

$$E(s)_n=-\frac{K_2}{s(s+4)+K_1K_2}N(s)=\frac{K_2}{s(s+4)+K_1K_2}\cdot\frac{1}{s}$$

$$e_{sn}=\lim_{s\to 0}sE(s)_n=\frac{1}{K_1}$$

(2) 若减小扰动产生的误差，应增大放大环节系数 K_1，当 K_1 增大时，e_{sn}减小。

(3) 总误差：

$$e_{ss}=e_{sr}+e_{sn}=\frac{24}{K_1K_2}+\frac{1}{K_1}$$

(4) 若将积分因子移到扰动作用点之前，系统的框图如图 3.8 所示。

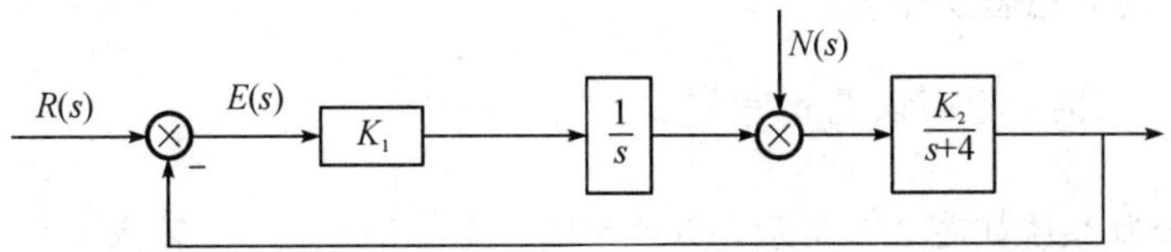

图 3.8 积分因子在扰动点之前

给定作用下的稳态误差不变。

扰动作用的稳态误差为

$$G_1(s)=\frac{K_1}{s},\quad G_2(s)=\frac{K_2}{(s+4)}$$

$$e_{sn}=\lim_{s\to 0}sE(s)_n=-\lim_{s\to 0}s\frac{G_2(s)}{1+G_1(s)G_2(s)}\cdot\left(-\frac{1}{s}\right)=0$$

$$e_{ss}=e_{sr}+e_{sn}=\frac{24}{K_1K_2}$$

对比各种情况下的稳态误差可知：$r(t)$作用下的稳态误差不变，积分环节移到扰动作用点之前，$n(t)$作用下的稳态误差为零。由此可知，积分作用可以消除稳态误差。

3-20 已知一单位负反馈系统的闭环传递函数为

$$\Phi(s)=\frac{a_1s+a_0}{a_ns^n+a_{n-1}s^{n-1}+\cdots+a_1s+a_0}$$

试求：

(1) $r(t)=t$ 时，系统的稳态误差；

(2) $r(t)=\frac{1}{2}t^2$ 时，系统的稳态误差。

【解】 由

$$\Phi(s)=\frac{G(s)}{1+G(s)}$$

可知开环传递函数为

$$G(s)=\frac{\Phi(s)}{1-\Phi(s)}=\frac{a_1s+a_0}{a_ns^n+a_{n-1}s^{n-1}+\cdots+a_2s^2}$$

$$=\frac{a_0\left(\frac{a_1}{a_0}s+1\right)}{a_2s^2\left(\frac{a_n}{a_2}s^{n-2}+\frac{a_{n-1}}{a_2}s^{n-3}+\cdots+1\right)}$$

$K=\frac{a_0}{a_2}$，$\nu=2$，系统为Ⅱ型系统。

(1) $r(t)=t$ 时，稳态误差 $e_{sr}=0$。

(2) $r(t)=\frac{1}{2}t^2$ 时，稳态误差 $e_{sr}=\frac{a_2}{a_0}$。

3-21 设控制系统如图 3.9 所示，$G(s)=K_p+\frac{K}{s}$，$F(s)=\frac{1}{Js}$，输入 $r(t)$以及扰动 $n_1(t)$和

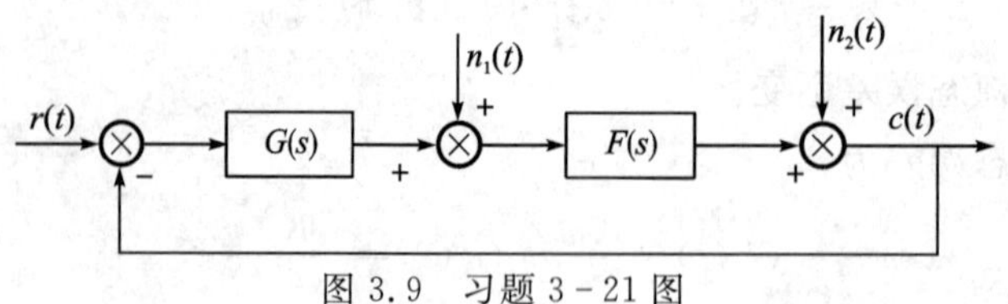

图 3.9 习题 3-21 图

$n_2(t)$均为单位阶跃函数。试求：

(1) 在 $r(t)$作用下系统的稳态误差；

(2) 在 $n_1(t)$作用下系统的稳态误差；

(3) 在 $n_1(t)$和 $n_2(t)$同时作用下系统的稳态误差。

【解】 控制系统的开环传递函数为

$$G(s)F(s)=\frac{K_p s+K}{s}\times\frac{1}{Js}=\frac{\frac{K}{J}\left(\frac{K_p}{K}s+1\right)}{s^2}$$

开环增益为$\frac{K}{J}$，系统为Ⅱ型系统。

(1) 当 $r(t)=1(t)$时，$e_{ss1}=0$。

(2) 当 $n_1(t)$作用时，令 $n_2(t)=0$，有

$$\begin{aligned}e_{sn1}&=-\lim_{s\to 0}s\times\frac{F(s)}{1+G(s)F(s)}\times N_1(s)\\&=-\lim_{s\to 0}s\times\frac{\frac{1}{Js}}{1+\left(K_p+\frac{K}{s}\right)\left(\frac{1}{Js}\right)}\times\frac{1}{s}\\&=0\end{aligned}$$

(3) 当 $n_2(t)$作用时，令 $n_1(t)=0$，有

$$e_{sn2}=-\lim_{s\to 0}s\times\frac{1}{1+G(s)F(s)}\times N_2(s)=0$$

则在 $n_1(t)$和 $n_2(t)$同时作用时，有

$$e_{sn}=e_{sn1}+e_{sn2}=0+0=0$$

第四章　线性系统的根轨迹分析法

一、知识网络图

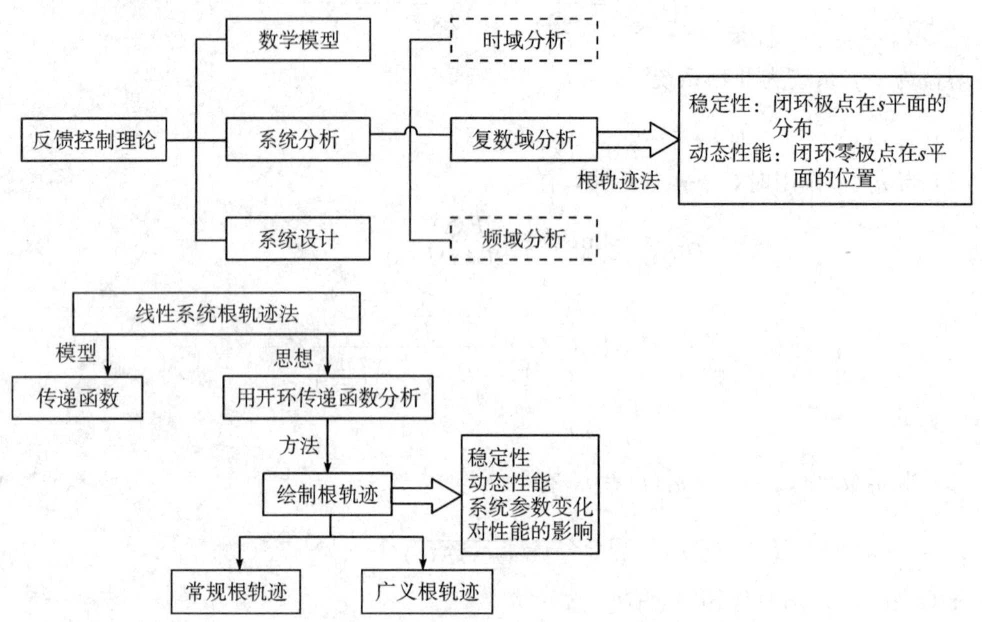

二、学习目的

掌握线性系统的一种系统分析方法——复数域分析法(根轨迹法)。

(1) 重要的概念：根轨迹；闭环零极点与开环零极点的关系。

(2) 重点掌握根轨迹绘制七大基本规则。

(3) 难点是使用根轨迹分析系统的稳定性和动态性能，确定开环根轨迹增益对系统稳定性和动态性能的影响。

习题与解答

4-1　系统的开环传递函数为

$$G(s)H(s)=\frac{K^*}{(s+1)(s+2)(s+4)}$$

试证明点 $s_1=-1+\mathrm{j}\sqrt{3}$在根轨迹上，并求出相应的根轨迹增益 K^* 和开环增益 K。

【解】

(1) 由相角条件可知，只需验证

$$-[\angle(s+1)+\angle(s+2)+\angle(s+4)]=(2k+1)\pi,\ k=0,\ \pm1,\ \cdots$$

由 $s_1=-1+\mathrm{j}\sqrt{3}$，可得

$$\angle(s_1+1)=\arctan\frac{\sqrt{3}}{-1+1}=90^\circ$$

$$\angle(s_1+2)=\arctan\frac{\sqrt{3}}{-1+2}=60^\circ$$

$$\angle(s_1+4)=\arctan\frac{\sqrt{3}}{-1+4}=30^\circ$$

因此有 $-[\angle(s_1+1)+\angle(s_1+2)+\angle(s_1+4)]=-180^\circ$，所以 s_1 在根轨迹上。

(2) 由幅值条件：

$$\begin{aligned}K^*&=|s+1|\times|s+2|\times|s+4|\\&=\sqrt{(-1+1)^2+3}\times\sqrt{(-1+2)^2+3}\times\sqrt{(-1+4)^2+3}\\&=12\end{aligned}$$

可得

$$K=\frac{K^*}{2\times4}=\frac{12}{8}=1.5$$

4-2　已知单位负反馈系统的开环传递函数，试作出系统 K^*(由 $0\to\infty$)变化时的闭环根轨迹。

(1) $G(s)H(s)=\dfrac{K^*(s+5)}{s(s+2)(s+3)}$；

(2) $G(s)H(s)=\dfrac{K^*(s+2)}{s(s+1)(s+3)}$；

(3) $G(s)H(s)=\dfrac{K^*}{(s+1)(s+2)(s+3)}$；

(4) $G(s)H(s)=\dfrac{K^*(s+2)}{s^2+2s+5}$。

【解】 (1)

$$G(s)H(s)=\frac{K^*(s+5)}{s(s+2)(s+3)}$$

① 根轨迹共有 3 条分支，分别起始于开环极点 $p_1=0$，$p_2=-2$，$p_3=-3$，1 条分支终

止于开环零点−5，另2条分支终止于无穷远处。

② 终止于无穷远处根轨迹的渐近线与实轴的夹角和交点分别为

$$\varphi_a=\frac{(2k+1)\pi}{n-m}=\frac{(2k+1)\pi}{2}=90°, -90°$$

$$\sigma_a=\frac{\sum p_j-\sum z_i}{n-m}=\frac{0+(-2)+(-3)-(-5)}{2}=0$$

③ 实轴上的根轨迹为[−5，−3]，[−2，0]。

④ 由 $dK^*/ds=0$，可得分离点坐标满足：

$$s^3+10s^2+25s+15=0$$

解方程得到 $s_{1,2,3}=-0.89$、-2.6、-6.5，-2.6 和 -6.5 不在根轨迹上，故得分离点坐标为 $d=-0.89$。

⑤ $K>0$ 时系统总是稳定的，根轨迹与虚轴无交点。

用MATLAB绘制的根轨迹如图4.1所示。其程序为

```
num=[1 5];den=[1 5 6 0];rlocus(num, den)
```

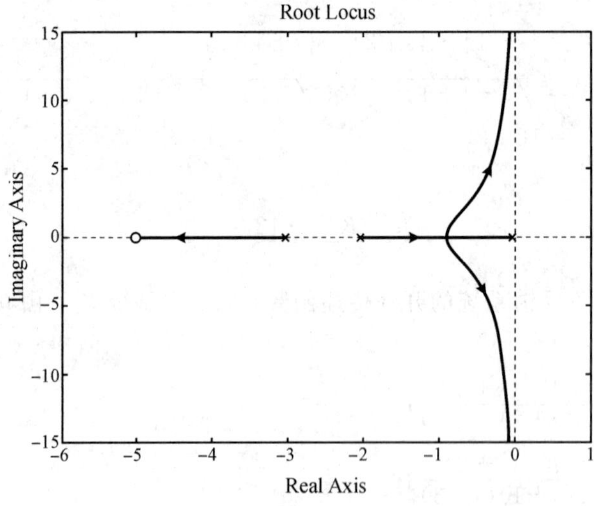

图4.1 习题4-2的根轨迹(一)

(2)
$$G(s)H(s)=\frac{K^*(s+2)}{s(s+1)(s+3)}$$

① 根轨迹的分支和起点与终点。

$$n=3, m=1, n-m=2$$

故有3条分支，起始于 $p_1=0$，$p_2=-1$，$p_3=-3$，终止于 $z=-2$ 和无穷远处。

② 实轴上的根轨迹分布为[−1，0]，[−3，−2]。

③ 根轨迹的渐近线。

$$\sigma_a=\frac{-1-3-(-2)}{2}=-1$$

$$\varphi_a=\pm\frac{\pi}{2}$$

④ 根轨迹的分离点。分离点坐标满足：

$$\frac{1}{d}+\frac{1}{d+1}+\frac{1}{d+3}=\frac{1}{d+2}$$

解得 $d=-0.519$。

用 MATLAB 绘制的根轨迹如图 4.2 所示。其程序为

```
num=[1 2];den=[1 4 3 0];rlocus(num, den)
```

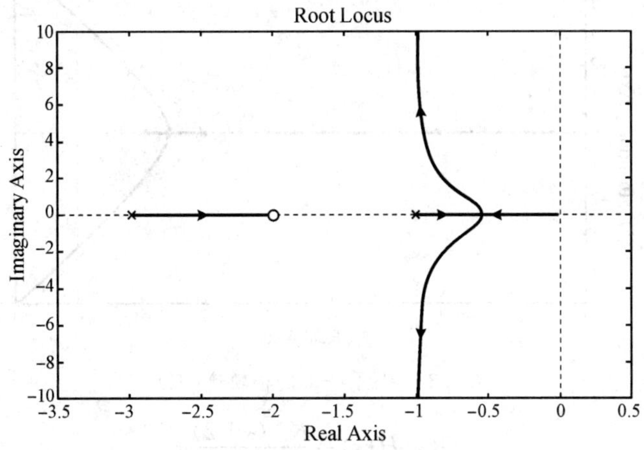

图 4.2　习题 4-2 的根轨迹(二)

(3)
$$G(s)H(s)=\frac{K^*}{(s+1)(s+2)(s+3)}$$

① 系统开环极点为 $-p_1=-1$，$-p_2=-2$，$-p_3=-3$。

② 实轴上的根轨迹区间为[−2，−1]，(−∞，−3]。

③ 渐近线与实轴的交点为

$$\sigma_a=\frac{-1-2-3}{3}=-2$$

④ 渐近线与实轴的夹角为

$$\varphi_a=\frac{2k+1}{3}\times180^\circ=60^\circ,\ 180^\circ,\ 300^\circ$$

⑤ 求根轨迹的分离点，由系统的特征方程：

$$D(s)=(s+1)(s+2)(s+3)+K^*=0$$

$$K^*=-(s+1)(s+2)(s+3)=-(s^3+6s^2+11s+6)$$

$$\frac{\mathrm{d}K^*}{\mathrm{d}s}=-(3s^2+12s+11)=0$$

$$s_{1,2}=-2\pm\frac{\sqrt{3}}{3},\quad s_1=-1.42,\ s_2=-2.58$$

舍去 $s_2=-2.58$(不在根轨迹上)，$s_1=-1.42$ 为分离点。

用 MATLAB 绘制的根轨迹如图 4.3 所示。其程序为

```
num=[1];den=[1 6 11 6];rlocus(num, den)
```

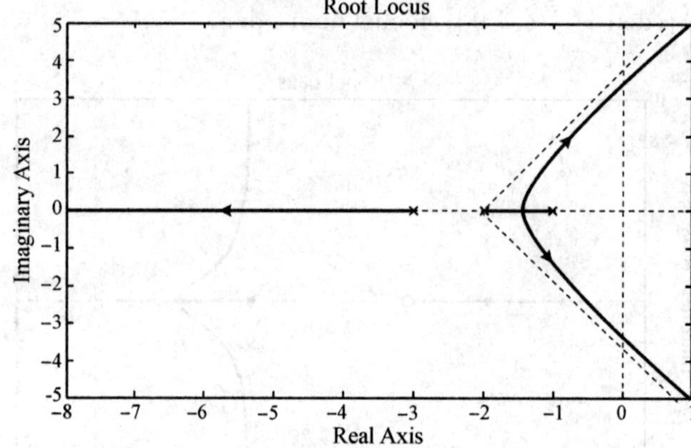

图 4.3　习题 4-2 的根轨迹(三)

(4)
$$G(s)H(s)=\frac{K^*(s+2)}{s^2+2s+5}$$

① 开环零点，$-z_1=-2$；开环极点，$-p_{1,2}=-1\pm j2$。

② 实轴上的根轨迹区间为$(-\infty, -2]$。

③ 分离点为

$$P'(s)Q(s)-P(s)Q'(s)=s^2+4s-1=0$$

$$s_{1,2}=-2\pm\sqrt{5}=-4.24 \text{ 或 } 0.24$$

$s_1=-4.24$ 为分离点，$s_2=0.24$ 不在根轨迹上，舍去。

分离点 K 值为

$$K^*=-\frac{Q(s)}{P(s)}\bigg|_{s=-4.24}=6.47$$

④ 出射角为

$$\theta_{-P_1}=180^\circ+\angle(-1+j2+2)-\angle(-1+j2+1+j2)=153.4^\circ$$

$$\theta_{-P_2}=180^\circ+\angle(-1-j2+2)-\angle(-1-j2+1-j2)=-153.4^\circ$$

⑤ 复平面上的根轨迹是圆心位于$(-2, j0)$、半径为$\sqrt{5}$的圆周的一部分，如图 4.4 所示。

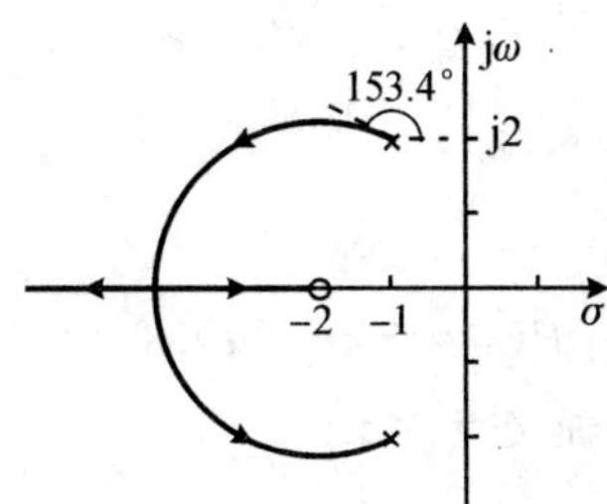

图 4.4　习题 4-2 的根轨迹(四)

4-3　单位负反馈系统的开环传递函数为

$$G(s)H(s)=\frac{K}{s(0.05s^2+0.4s+1)}$$

试作 K(由 $0\to\infty$)变动时的闭环根轨迹。

【解】

$$G(s)=\frac{K}{s(0.05s^2+0.4s+1)}=\frac{20K(=K^*)}{s(s^2+8s+20)}$$

令 $s(s^2+8s+20)=0$，得 $s_1=0$，$s_{2,3}=-4\pm j2$。

(1) 根轨迹有三条，起于开环极点 0，$-4\pm j2$，终于三个无限零点。

(2) 实轴上根轨迹为$(-\infty, 0)$。

(3) 渐近线。

$$\theta=\pm\frac{\pi}{3}, \pi \qquad -\sigma_A=\frac{0-4-4}{3-0}=-\frac{8}{3}$$

(4) 分离点。

特征方程为

$$s^3+8s^2+20s+20K=0$$

$$K^*-20K_0=-(s^3+8s^2+20s)=0$$

$$\frac{dK^*}{ds}=-(3s^2+16s+20)=0$$

得 $s_1=-2$(分离点)，$s_2=-\frac{10}{3}$(会和点)。

s^3	1	20
s^2	8	$20K$
s^1	$20-\frac{5}{2}K$	0
s^0	$20K$	0

(5) 根与虚轴交点。

令 $20-\frac{5}{2}K=0$，得 $K=8$。

$$P(s)=8s^2+20\times8=0$$

$s^2=-20$，$s_{1,2}=\pm j4.47$，根与虚轴交点为 $\pm j4.47$。

(6) 出射角。

$-4+j2$ 的出射角：$\theta_2=180°-90°-(180°-\arctan\frac{1}{2})=-63.4°$

$-4-j2$ 的出射角：$\theta_3=63.4°$

用 MATLAB 绘制的根轨迹如图 4.5 所示。其程序为

```
num=[1];den=[1 8 20 0];rlocus(num, den)
```

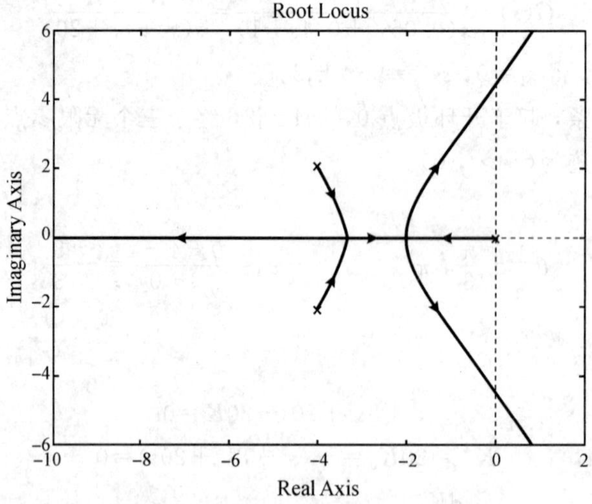

图 4.5　习题 4-3 的根轨迹图

4-4　控制系统的结构如图 4.6 所示，试作其根轨迹。

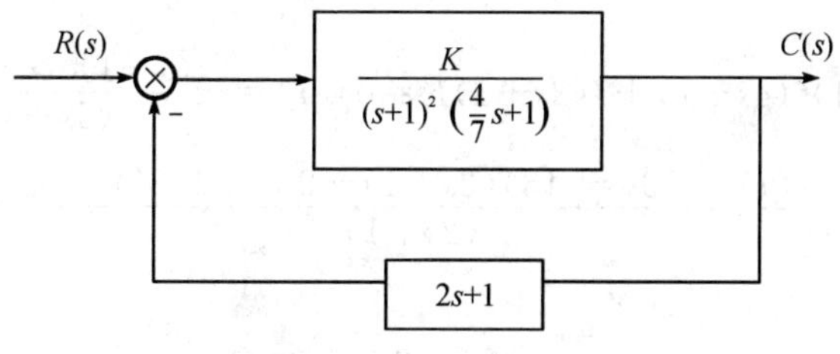

图 4.6　习题 4-4 图

【解】

$$\Phi(s)=\frac{\dfrac{K}{(s+1)^2\left(\dfrac{4}{7}s+1\right)}}{1+\dfrac{K}{(s+1)^2\left(\dfrac{4}{7}s+1\right)}\times(2s+1)}=\frac{K}{(s+1)^2\left(\dfrac{4}{7}s+1\right)+(2s+1)K}$$

$$=\frac{K}{\dfrac{4}{7}s^3+\dfrac{15}{7}s^2+\left(\dfrac{18}{7}+2K\right)s+(K+1)}$$

所以，闭环特征根为

$$4s^3+15s^2+(18+14K)s+7(K+1)=0$$

整理后可得

$$4s^3+15s^2+18s+7+(14s+7)K=0$$

$$1+\frac{(14s+7)K}{4s^3+15s^2+18s+7}=0$$

可得

$$G^*(s)=\frac{(14s+7)K}{4s^3+15s^2+18s+7}=\frac{7(2s+1)K}{(s+1)^2(4s+7)}$$

(1) $P_1=P_2=-1$，$P_3=-\dfrac{7}{4}$，$z_1=-\dfrac{1}{2}$

(2) 实轴上的根轨迹区间为 $\left[-1,-\dfrac{1}{2}\right]$ $\left[-\dfrac{7}{4},-1\right]$。

(3) 渐近线与实轴的交点为

$$\sigma=\frac{-1-1-\dfrac{7}{4}+\dfrac{1}{2}}{3-1}=-\frac{13}{8}$$

(4) 渐近线与实轴的夹角为

$$\varphi_a=\frac{(2K\pm1)\pi}{3-1}=\pm\frac{\pi}{2}$$

(5) 求分离点。

$$(s+1)^2(4s+7)+7(2s+1)K=0 \Rightarrow K=-\frac{(s+1)^2(4s+7)}{7(2s+1)}$$

$$\frac{\mathrm{d}K}{\mathrm{d}s}=\frac{(12s^2+30s+18)(2s+1)-2(s+1)^2(4s+7)}{(2s+1)^2}=0$$

则

$$8s^2+21s^2+15s+2=0$$

$$(s+1)(18s^2+13s+2)=0$$

得 $s_1=-1$(舍去)，$s_{2,3}=\frac{-13\pm\sqrt{13^2-4\times8\times2}}{2\times8}=\frac{-13\pm\sqrt{105}}{16}$。

$$s_2\approx-0.72(\text{舍去}),\ s_3\approx-1.45$$

$$\frac{1}{d-(-\frac{1}{2})}=\frac{1}{d-(-1)}+\frac{1}{d-(-1)}+\frac{1}{d-\left(-\frac{7}{4}\right)}$$

$$8d^2+13d+2=0$$

$$d=\frac{-13\pm\sqrt{105}}{16}=-1.45\ \text{或}-0.172(\text{舍去})$$

故 $d=-1.45$。

用 MATLAB 绘制的根轨迹如图 4.7 所示。

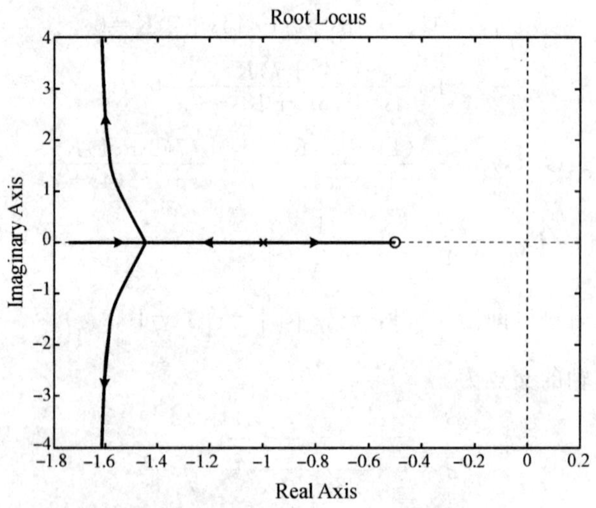

图 4.7　习题 4-4 的根轨迹图

4-5　单位负反馈系统开环传递函数为

$$G(s)=\frac{K^*(s^2-2s+5)}{(s+2)(s-0.5)}$$

试作出系统的根轨迹，并确定使系统稳定的 K^* 值范围。

【解】 (1) 零点：$z_1=1+j2$；$z_2=1-j2$。

极点：$P_1=-2$；$P_2=0.5$。

(2) $n=m=2$，分支数为 2，对称于实轴和渐近线。

(3) 实轴上根轨迹区间为 $(-2, 0.5)$。

(4) 分离点。

$$\frac{1}{d-(1+j2)}+\frac{1}{d-(1-j2)}=\frac{1}{d-(-2)}+\frac{1}{d-0.5}$$

$$3.5d^2-12d-5.5=0$$

$$d_{1,2}=\frac{12\pm\sqrt{221}}{7}, d_1=-0.409, d_2=3.831(\text{舍去})$$

此处的增益为

$$K_1=\frac{|s-(-2)|\times|s-0.5|}{|s-(1+j2)|\times|s-(1-j2)|}=0.242(s\text{ 以 } d_1 \text{ 代入})$$

(5) 和虚轴的交点。

闭环特征方程为

$$(s+2)(s-0.5)+K^*(s^2-2s+5)=0$$

$$(K^*+1)s^2-(1.5-2K^*)s+5K^*-1=0$$

令 $s=j\omega$，则有

$$-\omega^2+1.5j\omega-1=-K^*(-\omega^2-2j\omega+5)$$

$$\begin{cases}1.5=2K^*\\-\omega^2-1=-K^*(-\omega^2+5)\end{cases}$$

得 $K^*=\frac{3}{4}$，$\omega=\pm\sqrt{\frac{11}{7}}\approx\pm1.254$。

和虚轴交于 $(0, 1.254j)$ 和 $(0, -1.254j)$。

(6) 在 $(0, 0)$ 处，K 的取值为

$$\frac{K\times|0-(1+j2)|\times|0-(1-j2)|}{|0-0.5|\times|0-(-2)|}=1\Rightarrow\frac{K\times\sqrt{5}\times\sqrt{5}}{0.5\times2}=1\Rightarrow K=0.2$$

欲使系统稳定，则选取左平面内，由 $\begin{cases}(-2.0)\rightarrow(-0.409, 0), K^*\in(0, 0.242]\\(0, 0)\rightarrow(-0.409, 0), K^*\in(0.2, 0.242]\\(-0.409, 0)\rightarrow(0, \pm1.254), K^*\in[0.242, 0.75)\end{cases}$

可得

$$K^{*}=(0,\ 0.242]\cap(0.2,\ 0.242]\cup[0.242,\ 0.75)=(0.2,\ 0.75)$$

用 MATLAB 绘制的根轨迹如图 4.8 所示。

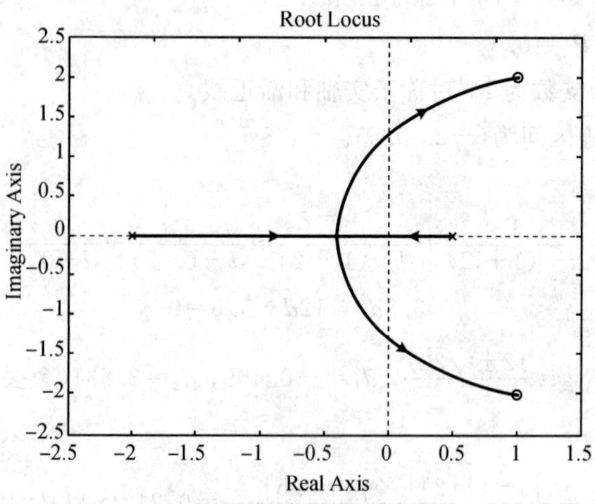

图 4.8　习题 4-5 的根轨迹图

4-6　已知单位反馈系统的开环传递函数为

$$G(s)=\frac{20}{(s+4)(s+b)}$$

试绘制参数 b 从零变化到无穷大时的根轨迹。

【解】

$$\varphi(s)=\frac{20}{(s+4)(s+b)+20}$$

$$D(s)=(s+4)(s+b)+20=0$$

$$s^2+sb+4s+4b+20=0$$

$$(s^2+4s+20)+(4+s)b=0$$

$$1+\frac{b(4+s)}{s^2+4s+20}=0$$

$$G^{*}(s)=\frac{b(4+s)}{s^2+4s+20}$$

$$G^{*}(s)\frac{b(s+4)}{(s+2+j4)(s+2-j4)}$$

(1) $n=2$，$m=1$，根轨迹有两条分支，$P_1=-2-j4$，$P_1=-2+j4$，$z=-4$。

(2) 实轴上的根轨迹区间为$[-\infty,\ -4)$。

(3) 根轨迹的分离点。

$$\frac{1}{d+2+\mathrm{j}4}+\frac{1}{d+2-\mathrm{j}4}=\frac{1}{d+4}$$

得 $d_1=-8.47$，$d_1=0.47$(舍去)。

(4) 根轨迹的起始角。

$$\theta_{P_1}=180°+\arctan2-90°=153.43°$$

$$\theta_{P_2}=-153.43$$

用 MATLAB 绘制的根轨迹如图 4.9 所示。

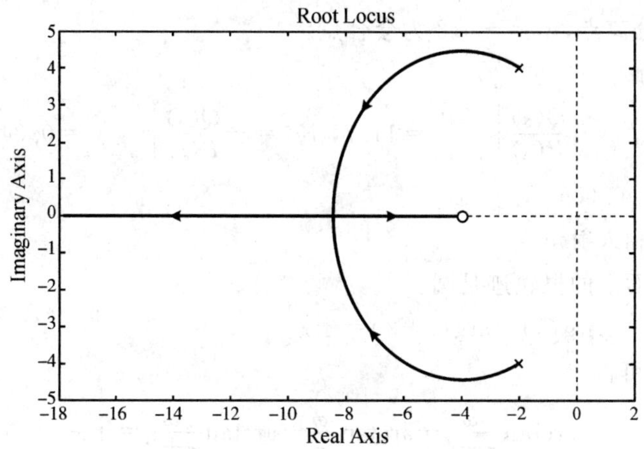

图 4.9　习题 4-6 的根轨迹图

(5) 分离点对应值。

$$\sqrt{2^2+4^2}=\sqrt{20}=4.47$$

$$b=\frac{\prod\limits_{i=1}^{2}|d-p_{\mathrm{i}}|}{|d-z|}=\frac{6.47^2+4^2}{4.47}=12.94$$

4-7　试用根轨迹法确定图 4.10 所示系统阶跃响应无振荡的 K 值范围。

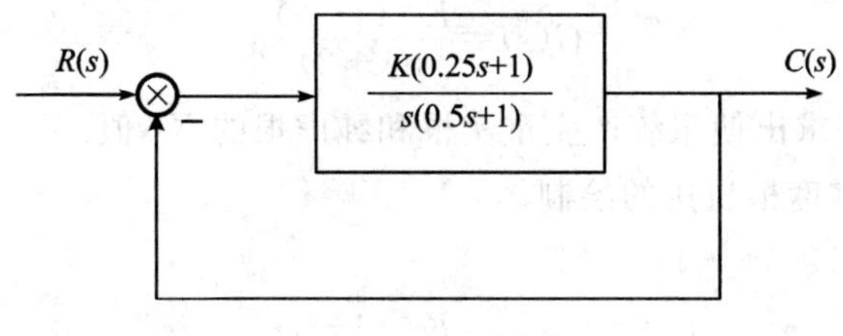

图 4.10　习题 4-7 图

【解】　将开环传递函数写成零极点型为

$$G(s)=\frac{K(0.25s+1)}{s(0.5s+1)}=\frac{\frac{1}{2}K(s+4)}{s(s+2)}=\frac{K^*(s+4)}{s(s+2)}$$

(1) 开环零点 $-z_1=-4$，开环极点 $-p_{1,2}=0$，-2。

(2) 实轴上的根轨迹区间为$(-\infty, -4]$，$[-2, 0]$。

(3) 分离点和会合点。

$$P'(s)Q(s)-P(s)Q'(s)=s^2+8s+8=0$$

$$s_{1,2}=-4\pm2\sqrt{2}=-6.8,\ -1.2$$

$s_1=-1.2$ 为分离点，$s_2=-6.8$ 为会合点。

分离点 K 值为

$$K^*=-\frac{Q(s)}{P(s)}\bigg|_{s=-6.8}=11.7,\ K^*=-\frac{Q(s)}{P(s)}\bigg|_{s=-1.2}=0.343$$

可得 $K=23.4$；$K=0.686$。

(4) 无出射角和入射角。

(5) 可证复平面上的根轨迹是圆。

由于 $\arg(s+4)-\arg(s)-\arg(s+2)=\pm\pi$

将 $s=\sigma+j\omega$ 代入，可得

$$\arctan\frac{\omega}{\sigma+4}-\arctan\frac{\omega}{\sigma}-\arctan\frac{\omega}{\sigma+2}=\pm\pi$$

$$\arctan\frac{\omega}{\sigma+4}-\arctan\frac{\omega}{\sigma}=\arctan\frac{\omega}{\sigma+2}\pm\pi$$

两边取正切得

$$(\sigma+4)^2+\omega^2=(2\sqrt{2})^2$$

所以系统阶跃响应无振荡的 K 值范围为：$0<K<0.686$，$K>23.4$。

用 MATLAB 绘制的根轨迹如图 4.11 所示。

4-8 设单位反馈系统的开环传递函数为

$$G(s)=\frac{K^*(1-s)}{s(s+2)}$$

试绘制系统根轨迹，并求出使系统产生重实根和纯虚根的 K^* 值。

【解】 本题考察零度根轨迹的绘制。

系统的开环传递函数为

$$G(s)=\frac{K^*(1-s)}{s(s+2)}$$

由系统的开环传递函数可知，该系统的根轨迹为零度根轨迹。

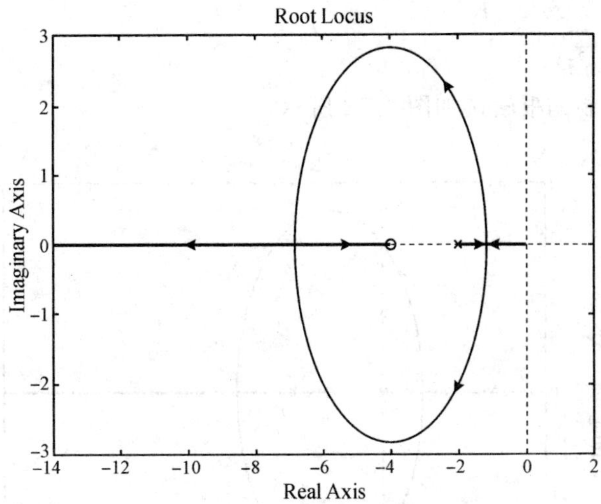

图 4.11　习题 4-7 的根轨迹图

根据绘制根轨迹的法则可得：

(1) 根轨迹的分支和起点与终点。由于 $n=2$，$m=1$，$n-m=1$，故根轨迹有两条分支，起点分别为 $p_1=0$，$p_2=-2$，其终点根轨迹为 $z_1=1$ 和无穷远处。

(2) 实轴上的根轨迹。实轴上根轨迹分布区间为 $[-2, 0]$，$[1, \infty)$。

(3) 根轨迹的分离点。根轨迹的分离点满足：

$$\frac{1}{d}+\frac{1}{d+2}=\frac{1}{d-1}$$

即 $d^2-2d-2=0$，解得

$$d_1=1-\sqrt{3}=-0.732,\ d_2=1+\sqrt{3}=2.732$$

根据幅值条件可得分离点的根轨迹增益点为

$$K_1^*=\left|\frac{d_1(d_1+2)}{1-d_1}\right|=\frac{0.732\times(2-0.732)}{1.732}=0.536$$

$$K_2^*=\left|\frac{d_2(d_2+2)}{1-d_2}\right|=\frac{2.732\times(2+2.732)}{1.732}=7.464$$

(4) 根轨迹与虚轴的交点。系统的闭环特征方程为

$$D(s)=s^2+2s-K^*s+K^*=0$$

令 $s=\mathrm{j}\omega$，代入上式可得

$$(\mathrm{j}\omega)^2+2(\mathrm{j}\omega)-K^*(\mathrm{j}\omega)+K^*=0$$

$$\begin{cases}-\omega^2+K^*=0\\2\omega-K^*\omega=0\end{cases}$$

因 $\omega \neq 0$，故可解得 $\omega = \pm\sqrt{2}$，$K^* = 2$。

和虚轴相交于$(0, \pm\sqrt{2}\text{j})$。

用 MATLAB 绘制的根轨迹如图 4.12 所示。

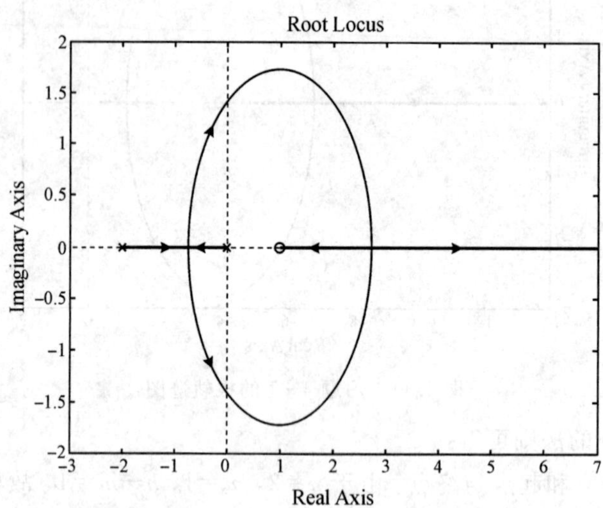

图 4.12　习题 4－8 的根轨迹图

4－9　要使实系数特征方程 $A(s) = s^3 + 5s^2 + (6+a)s + a = 0$ 的根全为实数，试确定参数 a 的范围。

【解】　作等效开环传递函数为

$$G(s) = \frac{a(s+1)}{s^3 + 5s^2 + 6s} = \frac{a(s+1)}{s(s+2)(s+3)} \quad (n=3,\ m=1)$$

讨论：(1) 当 $a > 0$ 时，作根轨迹，如图 4.13 所示。

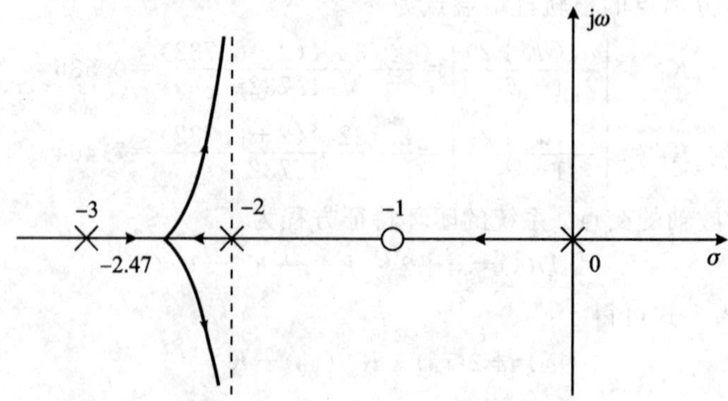

图 4.13　习题 4－9 中 $a > 0$ 时的根轨迹图

① 实轴上的根轨迹区间为[−3，−2]和[−1，0]。

② 渐近线为

$$\begin{cases}\sigma_a=\dfrac{-2-3+1}{3-1}=-2\\ \varphi_a=\dfrac{(2k+1)\pi}{3-1}=\dfrac{\pi}{2},\dfrac{3\pi}{2}\end{cases}\quad (k=0,\ 1)$$

③ 分离点。

$$\frac{1}{d}+\frac{1}{d+2}+\frac{1}{d+3}=\frac{1}{d+1}$$

得 $d=-2.47$。

$$a_1=\frac{|-2.47|\times|-2.47+2|\times|-2.47+3|}{|-2.47+1|}=0.42$$

方程为实数根时，$0<a\leqslant 0.42$。

(2) 当 $a<0$ 时，实轴上的根轨迹为$(-\infty,\ -3)$、$(-2,\ -1)$和$(0,\ +\infty)$，如图 4.14 所示。

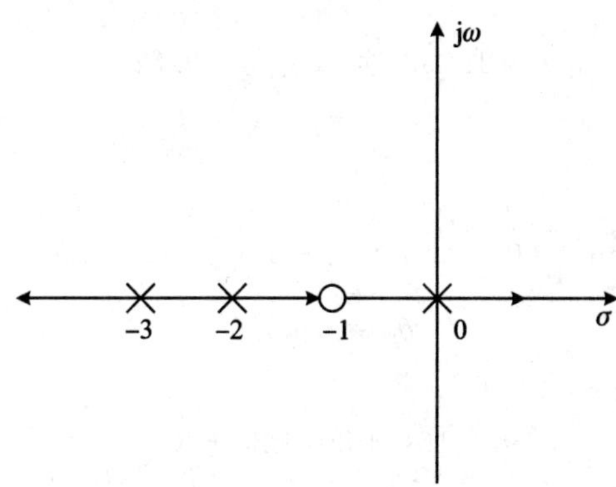

图 4.14　习题 4-9 中 $a<0$ 时的根轨迹图

当 $a<0$ 时，多项式的根为实数。

综合得 a 的取值范围为 $a<0$ 或 $0<a\leqslant 0.42$，即 $a\leqslant 0.42$。

4-10　已知单位负反馈系统的开环传递函数为

$$G(s)H(s)=\frac{K}{(s+14)(s^2+2s+2)}$$

绘制 K 由 $0\to\infty$ 变动时的根轨迹图，并确定：

(1) 使系统稳定的 K 值范围；

(2) 使闭环传递函数的复数极点具有阻尼比 0.5 时的 K 值。

【解】 (1) 在 s 平面中标出开环极点。

$$P_1=-14 \quad P_{2,3}=-1\pm \mathrm{j}$$

(2) 根轨迹有 3 条分支。

(3) 实轴上的根轨迹区间为$(-\infty, -14)$。

(4)
$$\varphi_a=\frac{(2k+1)\pi}{3}=60°, 180°, 300°$$

$$\sigma_A=\frac{-14-(1+\mathrm{j}1)-(1-\mathrm{j}1)}{3}=-\frac{16}{3}$$

特征方程为

$$(s+14)(s^2+2s+2)+k=0$$
$$K=-(s^3+16s^2+30s+28)$$

由

$$\frac{\mathrm{d}K}{\mathrm{d}t}=-3s^2-32s-30=0$$

可得

$$s_1=-1.038(舍), s_2=-9.628(舍)$$

故没有分离会合点。

(5) 出射角。

$$\theta_{P_2}=180°-90°-\arctan\frac{1}{13}=180°-90°-4.4°=85.6°$$
$$\theta_{P_3}=-85.6°$$

(6) 与虚轴的交点。

$$s^3+16s^2+30s+28+K=0$$

劳斯表为

s^3	1	30
s^2	16	$28+K$
s^1	$\frac{480-28-K}{16}$	
s^0	$28+K$	

$\frac{480-28-K}{16}=0$，即 $K=452$。

$$s^3+16s^2+30s+480=0$$
$$s(s^2+30)+16(s^2+30)=0$$

$$(s^2+30)(s+16)=0$$

$s=-16$(舍)，$s=\pm\sqrt{30}\mathrm{j}$。

根轨迹简图如图4.15所示。

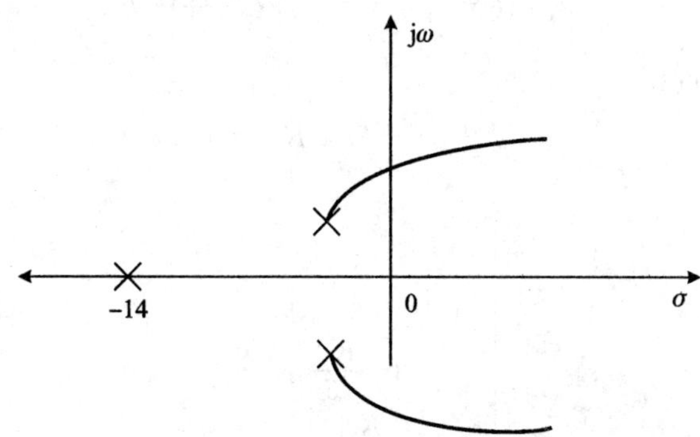

图4.15　习题4-10的根轨迹图

① $\begin{cases}\dfrac{452-K}{16}>0\\ 28+K>0\end{cases}\Rightarrow 0<K<452$

② 根据根轨迹可得，当$\xi=0.5$时，$K=21.5$，$s=-0.938\pm1.62\mathrm{j}$。

4-11　某单位反馈系统的开环传递函数为

$$G(s)=\frac{K^*}{s(s+2)(s+4)}$$

(1) 绘制K^*由$0\to\infty$变化的根轨迹；

(2) 求系统呈阻尼振荡瞬态响应的K^*值范围；

(3) 求系统产生持续等幅振荡时的K^*值和振荡频率；

(4) 求主导复数极点具有阻尼比为0.5时的K^*值。

【解】　(1)　$G(s)=\dfrac{K^*}{s(s+2)(s+4)}$

① 开环极点为0，-2，-4，起于开环极点0，-2，-4，终于三个无限零点。

② 渐近线。

夹角为$\begin{cases}\theta=\pm\dfrac{\pi}{3},\ \pi\\ -\sigma_A=\dfrac{-2-4}{3-0}=-2\end{cases}$

③ 实轴上的根轨迹区间为$[-2,0]$，$(-\infty,-4]$。

④ 分离点。

$$K^*=-(s^3+6s^2+8s)$$

$$\frac{dK^*}{ds}=-(3s^2+12s+8)=0$$

$s_{1,2}=-2\pm j\frac{2}{3}\sqrt{3}$，$s_1=-3.15$(舍)，$s_2=-0.847$(分离点)

⑤ 根与虚轴的交点。

$$s^3+6s^2+8s+K^*=0$$

劳斯表为

s^3	1	8
s^2	6	K^*
s^1	$8-\frac{K^*}{6}$	0
s^0	K^*	

令 $8-\frac{K^*}{6}=0$，则 $K^*=48$。

$P(s)=6s^2+K^*=6s^2+48=0$，得 $s_{1,2}=\pm j2\sqrt{2}$。

与虚轴的交点为$\pm j2\sqrt{2}$。

(2) 当分离点 $s_2=-0.847$ 时，

$$K^*=|s|\times|s+2|\times|s+4|=3.08$$

可得 $3.08<K^*<48$，系统呈阻尼振荡瞬态响应。

(3) 由图 4.16 可知，$K^*=48$，$\omega=2\sqrt{2}$时，产生等幅振荡。

(4) $\xi=0.5$，$\theta=\arccos 0.5=60°$，与曲线的交点为 $s_{1,2}=-\frac{1}{2}\omega_n\pm j\frac{\sqrt{3}}{2}\omega_n$。

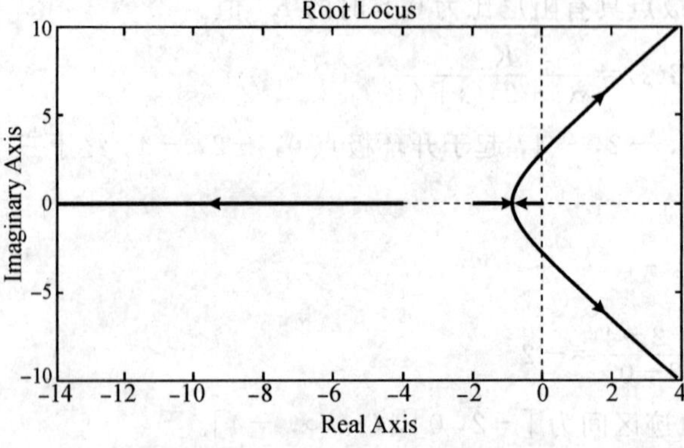

图 4.16　习题 4－11 的根轨迹图

由相角条件可知根轨迹方程为 $3(\sigma+2)^2-\omega^2=4$

$$\Rightarrow \begin{cases} \omega_n=\dfrac{4}{3} \\ s_{1,2}=-\dfrac{2}{3}\pm j\dfrac{2}{3}\sqrt{3} \end{cases}$$

由 $s_1+s_2+s_3=-6$，可得 $s_3=-4.67$。

则 $$K^*=|4.67|\times|2.67|\times|0.67|\approx 8.35$$

根轨迹如图 4.16 所示。

由相角条件推导根轨迹方程如下：

$$-[\angle s+\angle(s+2)+\angle(s+4)]=\pi$$

$$-\left(\arctan\frac{\omega}{\sigma}+\arctan\frac{\omega}{\sigma+2}\right)=\pi+\arctan\frac{\omega}{\sigma+4}$$

两边取 tan 得

$$-\left[\frac{\dfrac{\omega}{\sigma}+\dfrac{\omega}{\sigma+2}}{1-\dfrac{\omega^2}{\sigma(\sigma+2)}}\right]=\frac{\omega}{\sigma+4}$$

即 $$3(\sigma+2)^2-\omega^2=4,\qquad (\sigma+2)^2-\frac{\omega^2}{3}=\frac{4}{3}$$

4-12　设系统的开环零、极点分布如图 4.17 所示，试绘制相应的根轨迹草图。

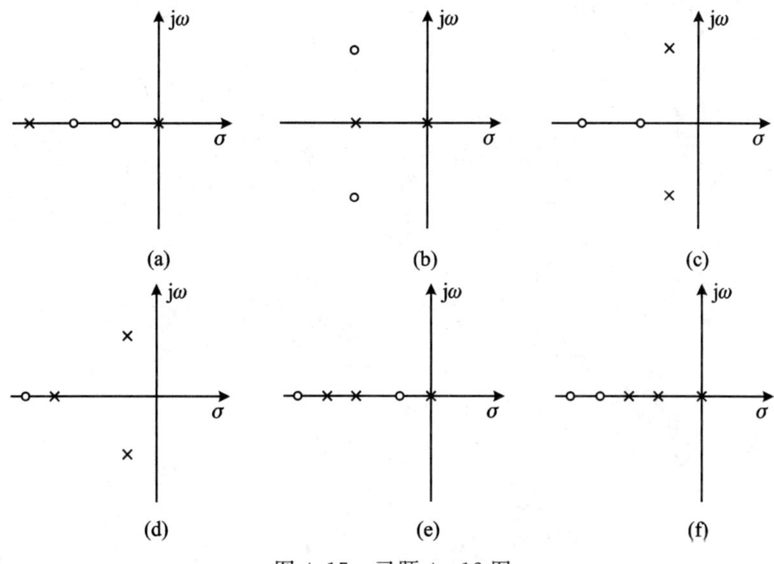

图 4.17　习题 4-12 图

【解】

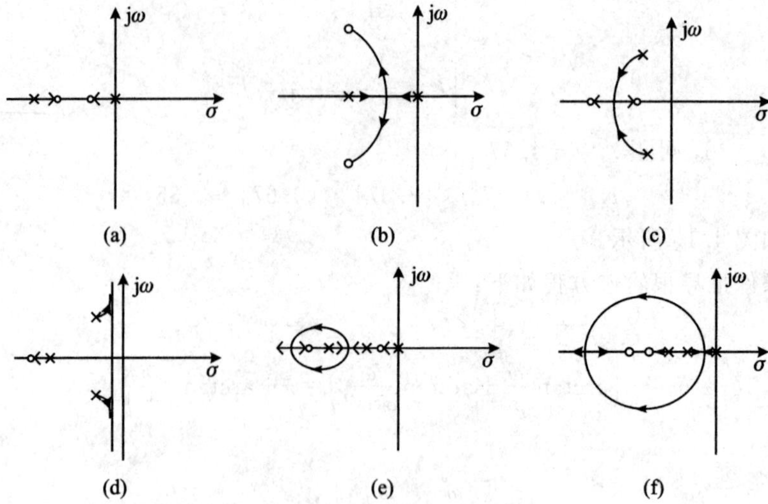

图 4.18　习题 4－12 的根轨迹图

第五章　线性系统的频域分析法

一、知识结构

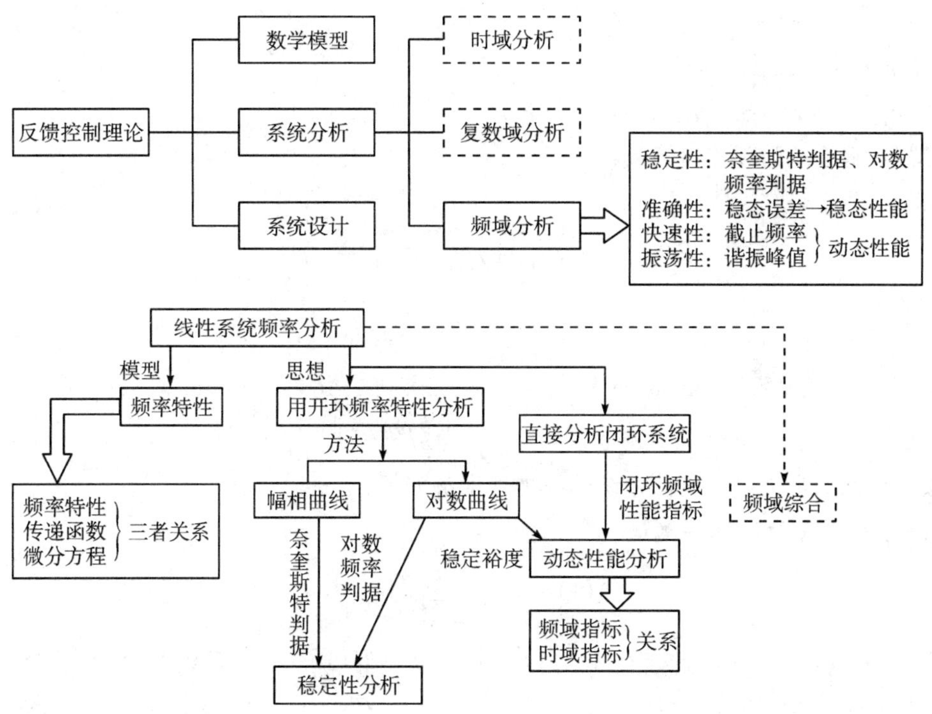

二、学习目的

(1) 重要的基本概念是频率特性、最小相位系统。

(2) 掌握频域分析方法，用开环频率特性去分析闭环系统的稳定性和动态性能。

(3) 重点内容：幅相曲线绘制——奈奎斯特判据，对数频率曲线的绘制——稳定裕度计算。

(4) 了解闭环频率特性，开环频率性能指标、闭环频域性能指标与时域性能指标之间的定性、定量关系。

习题与解答

5-1 单位负反馈系统的开环传递函数为

$$G(s)=\frac{4}{s+1}$$

当把下列输入信号作用在闭环系统上时，求该系统的稳态输出。

(1) $r(t)=\sin(t+30°)$；

(2) $r(t)=2\cos(2t-45°)$；

(3) $r(t)=\sin(t+30°)-2\cos(2t-45°)$。

【解】 求系统闭环传递函数：

$$\Phi(s)=\frac{C(s)}{R(s)}=\frac{G(s)}{1+G(s)}=\frac{4}{s+5}=\frac{\frac{4}{5}}{\frac{1}{5}s+1}$$

$$\Phi(\mathrm{j}\omega)=\frac{4}{(\mathrm{j}\omega+5)}=\frac{\frac{4}{5}}{\sqrt{\left(\frac{1}{5}\omega\right)^2+1}}\mathrm{e}^{-\mathrm{j}\arctan\frac{\omega}{5}}$$

根据频率特性的定义以及线性系统的叠加性求解如下：

(1) $\omega=1$，$A_\mathrm{r}=1$，$\theta_1=30°$

$$\Phi(\mathrm{j}\omega)\big|_{\omega=1}=A(1)\ \mathrm{e}^{\mathrm{j}\theta(1)}=\frac{4}{\sqrt{26}}\mathrm{e}^{-\mathrm{j}\arctan\frac{1}{5}}=0.78\mathrm{e}^{-\mathrm{j}11.3°}$$

$$c_\mathrm{s}(t)=A_\mathrm{c}\sin(t+\theta_2)=A_\mathrm{r}A(1)\ \sin[t+\theta_1+\theta(1)]=0.78\sin(t+18.7°)$$

(2) $\omega=2$，$A_\mathrm{r}=2$，$\theta_1=45°$

$$\Phi(\mathrm{j}\omega)\big|_{\omega=2}=\frac{4}{\sqrt{4+25}}\mathrm{e}^{-\mathrm{j}\arctan\frac{2}{5}}=0.74\mathrm{e}^{-\mathrm{j}21.8°}$$

$$c_\mathrm{s}(t)=1.48\cos(2t-66.8°)=1.48\sin(2t+23.2°)$$

(3) 由迭加原理得

$$\begin{aligned}c_\mathrm{s}(t)&=0.78\sin(t+18.7°)-1.48\cos(2t-66.8°)\\&=0.78\sin(t+18.7°)-1.48\sin(2t+23.2°)\end{aligned}$$

5-2 若系统单位阶跃响应为

$$c(t)=1-1.2\mathrm{e}^{-10t}+0.2\mathrm{e}^{-60t}$$

试确定系统的频率特性。

【解】　由拉普拉斯变换得

$$C(s)=\mathscr{L}^{-1}[c(t)]=\frac{1}{s}-\frac{1.2}{s+10}+\frac{0.2}{s+60}$$

闭环传递函数为

$$G(s)=\frac{C(s)}{R(s)}=\frac{\frac{1}{s}-\frac{1.2}{s+10}+\frac{0.2}{s+60}}{\frac{1}{s}}=\frac{600}{(s+10)(s+60)}$$

$$G(\mathrm{j}\omega)=\frac{600}{(\mathrm{j}\omega+10)(\mathrm{j}\omega+60)}=\frac{600}{\sqrt{\omega^2+100}\times\sqrt{\omega^2+3600}}\mathrm{e}^{-\mathrm{j}(\arctan\frac{\omega}{10}+\arctan\frac{\omega}{60})}$$

5-3　已知 RLC 无源网络如图 5.1 所示。当 $\omega=10$ rad/s 时，其幅频 $A=1$，相频 $\varphi=90°$。求其传递函数。

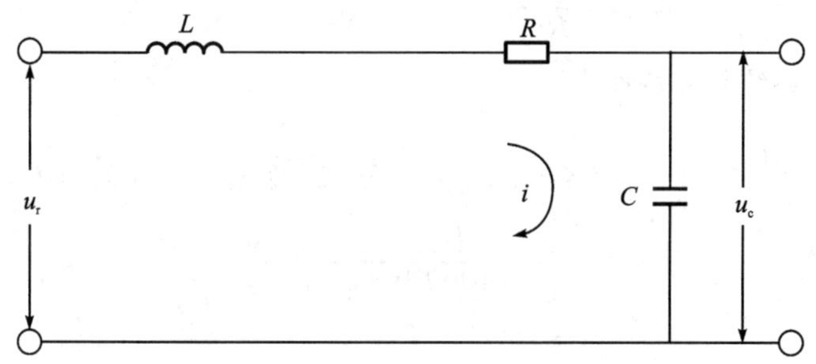

图 5.1　习题 5-3 图

【解】　由图 5.1 求得系统闭环传递函数为

$$G(s)=\frac{U_c(s)}{U_r(s)}=\frac{\frac{1}{Cs}}{R+Ls+\frac{1}{Cs}}=\frac{1}{LCs^2+RCs+1}$$

则

$$G(\mathrm{j}\omega)=\frac{1}{-LC\omega^2+\mathrm{j}RC\omega+1}=\frac{1}{\sqrt{(1-LC\omega^2)^2+(RC\omega)^2}}\cdot\mathrm{e}^{-\mathrm{j}\arctan\frac{RC\omega}{1-LC\omega^2}}$$

当 $\omega=10$ 时，有

$$\begin{cases}\dfrac{1}{\sqrt{(1-LC\omega^2)^2+(RC\omega)^2}}=1\\[2ex]-\arctan\dfrac{RC\omega}{1-LC\omega^2}=90°\end{cases}$$

解得

$$\begin{cases}LC=0.01\\RC=0.1\end{cases}$$

所以传递函数为

$$G(s)=\frac{U_c(s)}{U_r(s)}=\frac{1}{0.01s^2+0.1s+1}=\frac{100}{s^2+10s+100}$$

5-4 已知某单位负反馈系统的开环传递函数为 $G(s)=\dfrac{K}{s(Ts+1)}$，在正弦信号 $r(t)=\sin10t$ 作用下，闭环系统的稳态响应 $c_s(t)=\sin\left(10t-\dfrac{\pi}{2}\right)$，试计算 K、T 的值。

【解】 系统闭环传递函数为

$$\Phi(s)=\frac{C(s)}{R(s)}=\frac{G(s)}{1+G(s)}=\frac{K}{Ts^2+s+K}$$

当 $\omega=10$ 时，系统频率特性为

$$\begin{aligned}G(\mathrm{j}\omega)\big|_{\omega=10}&=\frac{K}{(K-T\omega^2)+\mathrm{j}\omega}\bigg|_{\omega=10}=\frac{K}{(K-100T)+\mathrm{j}10}\\&=\frac{K}{\sqrt{(K-100T)^2+100}}\mathrm{e}^{-\mathrm{j}\arctan\frac{10}{K-100T}}\\&=A(\omega)\mathrm{e}^{\mathrm{j}\theta(\omega)}\end{aligned}$$

由已知条件得 $A(\omega)=\dfrac{A_c}{A_r}=1$，$\theta(\omega)=\theta_2-\theta_1=-\dfrac{\pi}{2}$，则有

$$\begin{cases}\dfrac{K}{\sqrt{(K-100T)^2+100}}=1\\K-100T=0\end{cases}$$

解得

$$\begin{cases}K=10\\T=0.1\end{cases}$$

5-5 已知系统的开环传递函数为

$$G(s)H(s)=\frac{K(\tau s+1)}{s^2(Ts+1)}$$

K，τ，$T>0$，试分析并绘制 $\tau>T$ 和 $T>\tau$ 情况下的概略开环幅相曲线。

【解】 开环频率特性为

$$G(\mathrm{j}\omega)H(\mathrm{j}\omega)=\frac{K(\mathrm{j}\tau\omega+1)}{-\omega^2(\mathrm{j}T\omega+1)}=\frac{K\sqrt{1+(\tau\omega)^2}}{\omega^2\sqrt{1+(T\omega)^2}}\mathrm{e}^{\mathrm{j}(-180^\circ+\arctan\tau\omega-\arctan T\omega)}$$

开环幅相曲线起点为 $G(\mathrm{j}0_+)H(\mathrm{j}0_+)=\infty\angle-180°$，终点为 $G(\mathrm{j}\infty)H(\mathrm{j}\infty)=0\angle-180°$。

当 $\tau>T$ 时，$\mathrm{Re}[G(\mathrm{j}\omega)H(\mathrm{j}\omega)]<0$，$\mathrm{Im}[G(\mathrm{j}\omega)H(\mathrm{j}\omega)]<0$，所以开环幅相曲线在第三象限，如图 5.2(a)所示。

当 $\tau<T$ 时，$\mathrm{Re}[G(\mathrm{j}\omega)H(\mathrm{j}\omega)]<0$，$\mathrm{Im}[G(\mathrm{j}\omega)H(\mathrm{j}\omega)]>0$，所以开环幅相曲线在第二象限，如图 5.2(b)所示。

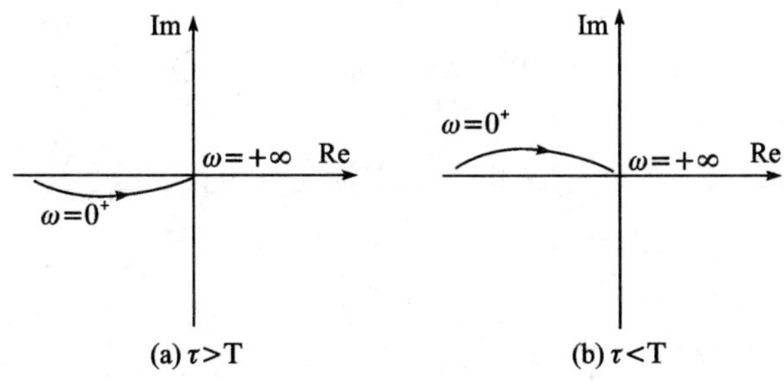

图 5.2　习题 5-5 解图

5-6　已知系统的开环传递函数为

$$G(s)H(s)=\frac{1}{s^{\nu}(s+1)(s+2)}$$

试分别绘制 $\nu=1$，2，3 时系统的概略开环幅相曲线。这些曲线是否穿越 GH 平面的负实轴？如果穿越，则求出与负实轴交点的频率和相应的幅值。

【解】　开环频率特性为

$$G(\mathrm{j}\omega)H(\mathrm{j}\omega)=\frac{1}{(\mathrm{j}\omega)^{\nu}(1+\mathrm{j}\omega)(2+\mathrm{j}\omega)}$$

(1) 当 $\nu=1$ 时，

$$G(\mathrm{j}\omega)H(\mathrm{j}\omega)=\frac{1}{\omega\sqrt{1+\omega^2}\sqrt{4+\omega^2}}\mathrm{e}^{\mathrm{j}\left(-90°-\arctan\omega-\arctan\frac{\omega}{2}\right)}$$

开环幅相曲线起点为 $G(\mathrm{j}0_+)H(\mathrm{j}0_+)=\infty\angle-90°$，终点为 $G(\mathrm{j}\infty)H(\mathrm{j}\infty)=0\angle-270°$。

与实轴交点：

$$\varphi(\omega)=-90°-\arctan\omega-\arctan\frac{\omega}{2}=-180°$$

解得 $\omega=\sqrt{2}$，则 $|G(\mathrm{j}\omega)H(\mathrm{j}\omega)|=\frac{1}{6}$，即与负实轴交点为 $\left(-\frac{1}{6},\mathrm{j}0\right)$。

幅相曲线如图 5.3(a)所示。

(2) 当 $\nu=2$ 时，

$$G(\mathrm{j}\omega)H(\mathrm{j}\omega)=\frac{1}{\omega^2\sqrt{1+\omega^2}\sqrt{4+\omega^2}}\mathrm{e}^{\mathrm{j}\left(-180°-\arctan\omega-\arctan\frac{\omega}{2}\right)}$$

开环幅相曲线起点为 $G(\mathrm{j}0_+)H(\mathrm{j}0_+)=\infty\angle-180°$，终点为 $G(\mathrm{j}\infty)H(\mathrm{j}\infty)=0\angle-360°$。
与实轴交点：

$$\varphi(\omega)=-180°-\arctan\omega-\arctan\frac{\omega}{2}=-180°$$

无解。
与虚轴交点：

$$\varphi(\omega)=-180°-\arctan\omega-\arctan\frac{\omega}{2}=90°$$

解得 $\omega=\sqrt{2}$，则 $|G(\mathrm{j}\omega)H(\mathrm{j}\omega)|=\frac{\sqrt{2}}{12}$，即与正虚轴交点为 $\left(0,\mathrm{j}\frac{\sqrt{2}}{12}\right)$。

其幅相曲线如图 5.3(b)所示。

(3) 当 $\nu=3$ 时，

$$G(\mathrm{j}\omega)H(\mathrm{j}\omega)=\frac{1}{-\mathrm{j}\omega^3(1+\mathrm{j}\omega)(2+\mathrm{j}\omega)}=\frac{1}{\omega^3\sqrt{1+\omega^2}\sqrt{4+\omega^2}}\mathrm{e}^{\mathrm{j}\left(-270°-\arctan\omega-\arctan\frac{\omega}{2}\right)}$$

开环幅相曲线起点为 $G(\mathrm{j}0_+)H(\mathrm{j}0_+)=\infty\angle-270°$，终点为 $G(\mathrm{j}\infty)H(\mathrm{j}\infty)=0\angle-450°$。

与实轴交点：

$$\varphi(\omega)=-90°-\arctan\omega-\arctan\frac{\omega}{2}=-360°$$

解得 $\omega=\sqrt{2}$，则 $|G(\mathrm{j}\omega)H(\mathrm{j}\omega)|=\frac{1}{12}$，即与正实轴交点为 $\left(\frac{1}{12},\mathrm{j}0\right)$。

幅相曲线如图 5.3(c)所示。

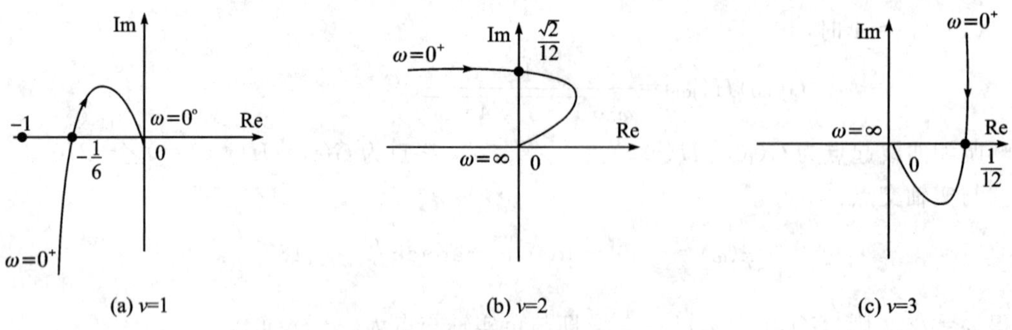

图 5.3　习题 5-6 解图

5-7　已知系统的开环传递函数为

$$G(s)H(s)=\frac{10}{s(2s+1)(s^2+0.5s+1)}$$

试分别计算 $\omega=0.5$ 和 $\omega=2.5$ 时，开环频率特性的幅值 $A(\omega)$和相位 $\varphi(\omega)$。

【解】 开环频率特性为

$$G(j\omega)H(j\omega)=\frac{10}{j\omega(j2\omega+1)(-\omega^2+j0.5\omega+1)}$$

$$A(\omega)=\frac{10}{\omega\sqrt{1+4\omega^2}\sqrt{(1-\omega^2)^2+0.25\omega^2}}$$

$$\varphi(\omega)=\begin{cases}-90°-\arctan 2\omega-\arctan\dfrac{0.5\omega}{1-\omega^2}, & 0<\omega\leqslant 1\\ -90°-\arctan 2\omega-180°+\arctan\dfrac{0.5\omega}{\omega^2-1}, & \omega>1\end{cases}$$

当 $\omega=0.5$ 时，

$$A(\omega)=\left.\frac{10}{\omega\sqrt{1+4\omega^2}\sqrt{(1-\omega^2)^2+0.25\omega^2}}\right|_{\omega=0.5}=17.89$$

$$\varphi(\omega)=-90°-\arctan 2\omega-\arctan\left.\frac{0.5\omega}{1-\omega^2}\right|_{\omega=0.5}=-153.43°$$

当 $\omega=2.5$ 时，

$$A(\omega)=\left.\frac{10}{\omega\sqrt{1+4\omega^2}\sqrt{(1-\omega^2)^2+0.25\omega^2}}\right|_{\omega=2.5}=0.145$$

$$\varphi(\omega)=-90°-\arctan 2\omega-\left.\left(180°-\arctan\frac{0.5\omega}{\omega^2-1}\right)\right|_{\omega=2.5}=-335.3°$$

5-8 已知系统的开环传递函数为

$$G(s)H(s)=\frac{10(0.1s+1)}{s(0.5s+1)}$$

要求选择频率点，列表计算 $A(\omega)$、$L(\omega)$和 $\varphi(\omega)$，并据此在半对数坐标纸上绘制开环对数频率特性曲线。

【解】 开环幅频特性和相频特性为

$$A(\omega)=\frac{10\sqrt{1+0.01\omega^2}}{\omega\sqrt{1+0.25\omega^2}}$$

$$\varphi(\omega)=\arctan 0.1\omega-90°-\arctan 0.5\omega$$

$$L(\omega)=20\lg A(\omega)=20+20\lg\sqrt{1+0.01\omega^2}-20\lg\omega-20\lg\sqrt{1+0.25\omega^2}$$

$A(\omega)$、$L(\omega)$和 $\varphi(\omega)$计算表如表 5.1 所示。

表 5.1　$A(\omega)$、$L(\omega)$和 $\varphi(\omega)$计算表

ω/(rad/s)	0.1	1	3	5	10	15	20
$A(\omega)$	100	9	1.93	0.8	0.3	0.2	0.1
$\varphi(\omega)$/(°)	−92.2	−111	−129.6	−131.7	−123.7	−116.1	−110.9
$L(\omega)$/dB	40	19	5.7	−1.6	−11.1	−16	−19.1

开环对数频率特性曲线如图 5.4 所示。其 MATLAB 程序为

```
num=[1 10];den=[0.5 1 0];bode(num, den)
```

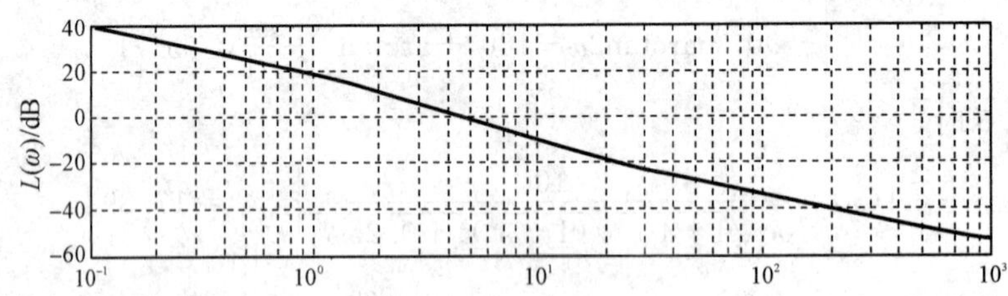

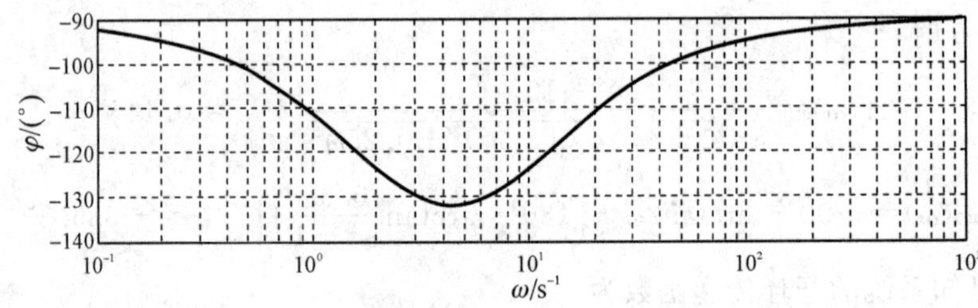

图 5.4　习题 5-8 解图

5-9　已知系统的开环传递函数如下，试分别绘制各系统的对数幅频特性渐近线和对数相频特性曲线。

(1) $G(s)=\dfrac{2}{(2s+1)(8s+1)}$；

(2) $G(s)=\dfrac{10(s+1)}{s^2}$；

(3) $G(s)=\dfrac{10(s+0.2)}{s^2(s+0.1)}$；

(4) $G(s)=\dfrac{8\left(\dfrac{s}{0.1}+1\right)}{s(s^2+s+1)\left(\dfrac{s}{2}+1\right)}$。

【解】

(1) ① $K=2$，$20\lg K=6.02$，过(1，6.02)作斜率为 0 的直线，即平行于 ω 轴。

② 转折频率：

$\omega_1=\frac{1}{8}=0.125$，一阶惯性环节，斜率改变 -20 dB/dec；

$\omega_2=\frac{1}{2}=0.5$，一阶惯性环节，斜率改变 -20 dB/dec。

③ $\nu=0$，低频渐近线斜率为 0。

④ 系统相频特性为

$$\varphi(\omega)=-\arctan 8\omega-\arctan 2\omega$$

相频计算表如表 5.2 所示。

表 5.2　相频计算表

ω	0	0.01	0.05	0.1	0.2	0.5	1	10	…	∞
$\varphi(\omega)$	0°	−5.7°	−27.5°	−50.0°	−79.8°	−121.0°	−146.3°	−176.4°	…	−180°

系统的对数幅频特性渐近线和对数相频特性曲线如图 5.5 所示。

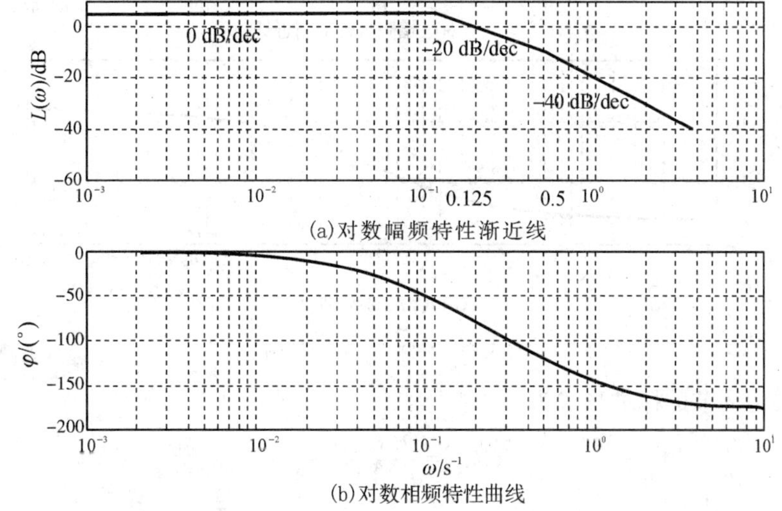

图 5.5　习题 5-9(1) 解图

(2) ① $K=10$，$20\lg K=20$。

② 转折频率：

$\omega_1=1$，一阶微分环节，斜率改变$+20$ dB/dec。

③ $\nu=2$，低频渐近线斜率为-40 dB/dec，且过(1，20dB)点作斜率为-40 dB/dec 的直线。

④ 系统相频特性为

$$\varphi(\omega)=\arctan\omega-180^\circ$$

相频计算表如表 5.3 所示。

表 5.3 相频计算表

ω	0	0.1	0.2	0.5	1	2	5	10	…	∞
$\varphi(\omega)$	-180°	-174.3°	-168.7°	-153.4°	-135°	-116.6°	-101.3°	-95.7°	…	-90°

系统的对数幅频特性渐近线和对数相频特性曲线如图 5.6 所示。

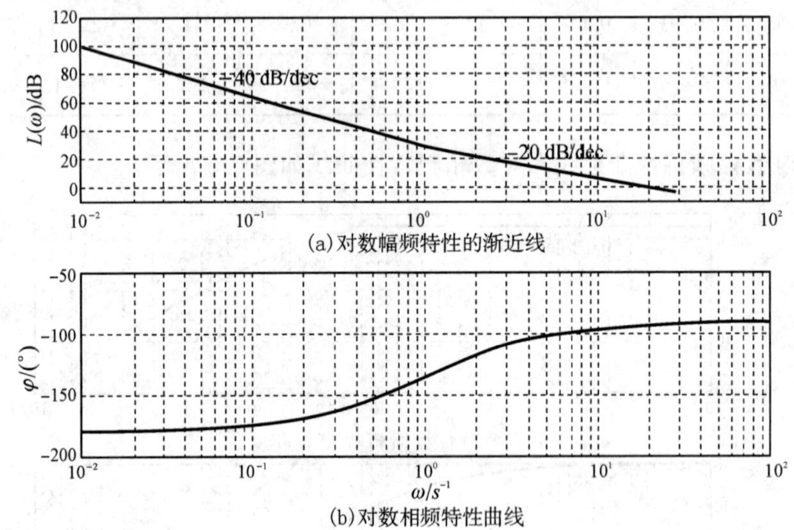

图 5.6 习题 5-9(2)解图

(3) ①典型环节的标准形式为

$$G(s)=\frac{20(5s+1)}{s^2(10s+1)}$$

② $K=20$，$20\lg K=26.0$。

③ 转折频率：

$\omega_1=0.1$，一阶惯性环节，斜率改变-20 dB/dec；

$\omega_2=0.2$，一阶微分环节，斜率改变-20 dB/dec。

④ $\nu=2$，低频渐近线斜率为－40 dB/dec，且其延长线过(1，26 dB)点。

⑤ 系统相频特性为

$$\varphi(\omega)=-180°-\arctan10\omega+\arctan5\omega$$

相频计算表如表 5.4 所示。

表 5.4　相频计算表

ω	0	0.01	0.05	0.1	0.125	0.2	0.5	1	…	∞
$\varphi(\omega)$	－180°	－182.8°	－192.5°	－198.4°	－199.3°	－198.4°	－190.5°	－185.6°	…	－180°

系统的对数幅频特性渐近线和对数相频特性曲线如图 5.7 所示。

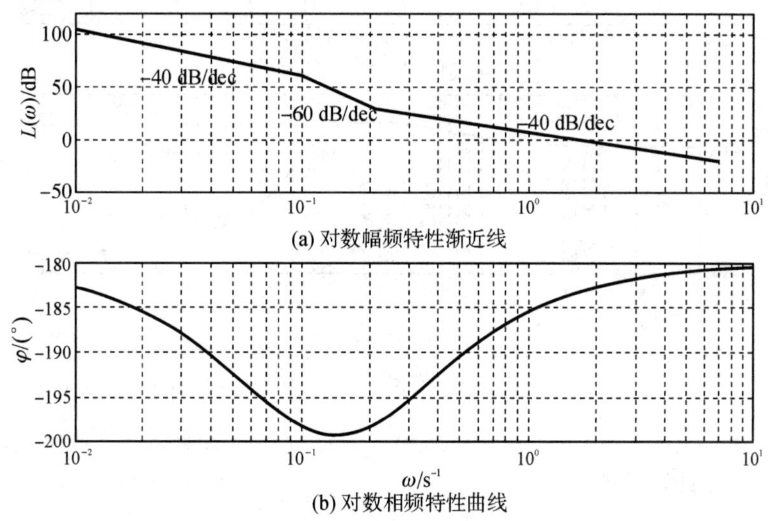

(a) 对数幅频特性渐近线

(b) 对数相频特性曲线

图 5.7　习题 5-9(3)解图

(4) ① $K=8$，$20\lg K=18$。

② 转折频率：

$\omega_1=0.1$，一阶微分环节，斜率改变＋20 dB/dec；

$\omega_2=1$，振荡环节，斜率改变－40 dB/dec；

$\omega_3=2$，一阶惯性环节，斜率改变－20 dB/dec。

③ $\nu=1$，低频渐近线斜率为－20 dB/dec，且过(1，18 dB)点。

④ 系统相频特性为

$$\varphi(\omega)-\arctan\frac{\omega}{0.1}-90°-\arctan\frac{\omega}{1-\omega^2}-\arctan\frac{\omega}{2}$$

相频计算表如表 5.5 所示。

表 5.5　相频计算表

ω	0	0.1	0.2	0.5	1.5	2	5	10	…	∞
$\varphi(\omega)$	$-90°$	$-53°$	$-44°$	$-59°$	$-170°$	$-194°$	$-237°$	$-253°$	…	$-270°$

系统的对数幅频特性渐近线和对数相频特性曲线如图 5.8 所示。

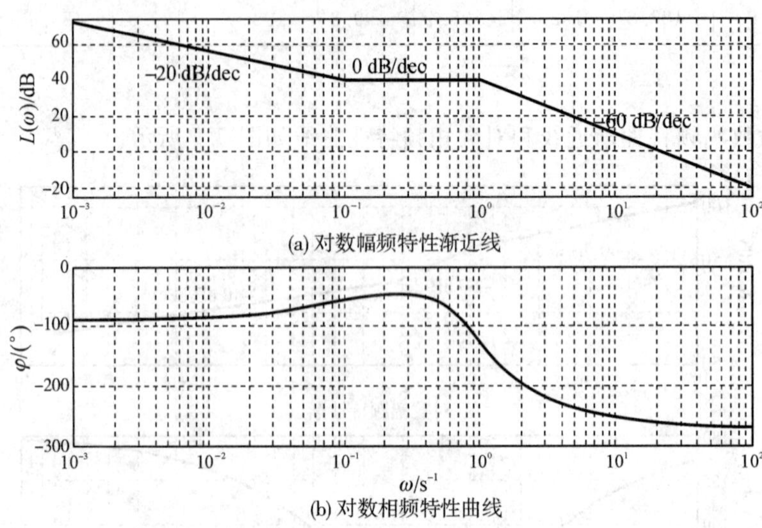

图 5.8　习题 5-9(4)解图

5-10　已知最小相位系统的开环对数幅频渐进特性曲线如图 5.9 所示，试写出它们的传递函数 $G(s)$，并计算数值。

【解】

(1) ① 低频段斜率为 0，因此 $\nu=0$。

② $G(s)=\dfrac{K}{\dfrac{1}{T_1}s+1}$。

③ $T_1=10$。

④ $20\lg K=20 \quad\Rightarrow\quad K=10$。

$$G(s)=\frac{10}{\frac{1}{10}s+1}=\frac{10}{0.1s+1}$$

(2) ① 低频段斜率为 20 dB/dec，因此有一个理想微分环节。

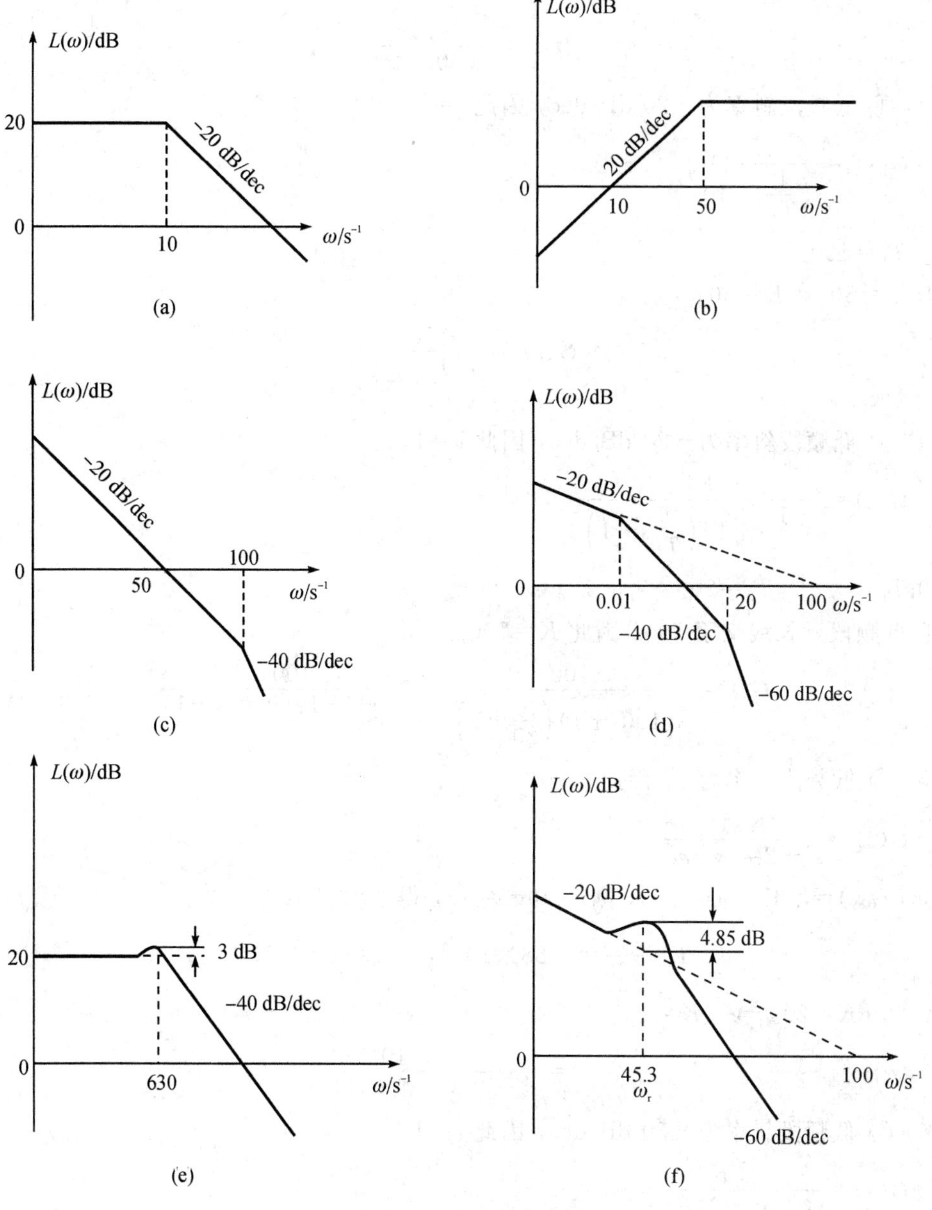

图 5.9　习题 5-10 图

② $G(s)=\dfrac{Ks}{(1/T_1)s+1}$。

③ $T_1=50$。

④ $K=0.1$。

$$G(s)=\frac{0.1s}{0.02s+1}$$

(3) ① 低频段斜率为-20 dB/dec，因此 $\nu=1$。

② $G(s)=\dfrac{K}{s\left(\dfrac{1}{T_1}s+1\right)}$。

③ $T_1=100$。

④ $\omega_c=50 \Rightarrow K=50$。

$$G(s)=\frac{50}{s\left(\dfrac{1}{100}s+1\right)}$$

(4) ① 低频段斜率为-20 dB/dec，因此 $\nu=1$。

② $G(s)=\dfrac{K}{s\left(\dfrac{1}{T_1}s+1\right)\left(\dfrac{1}{T_2}s+1\right)}$。

③ $T_1=0.01$，$T_2=20$。

④ 低频段延长线交于 100，因此 $K=100$。

$$G(s)=\frac{100}{s(100s+1)\left(\dfrac{s}{20}+1\right)}=\frac{100}{s(100s+1)(0.05s+1)}$$

(5) ① 低频段斜率为 0，因此 $\nu=0$。

② $G(s)=\dfrac{K\omega_n^2}{s^2+2\xi\omega_n s+\omega_n^2}$。

③ $L(\omega_n)=3$ dB，$\omega_n=630$，则$-20\lg 2\xi=3$，得 $\xi=0.354$。

$$T=\frac{1}{360}=1.58\times10^{-3},\quad \omega_n^2\approx4.0\times10^5$$

④ $20\lg K=20 \ \Rightarrow\ K=10$。

$$G(s)=\frac{4.0\times10^6}{s^2+446s+4.0\times10^5}$$

(6) ① 低频段斜率为-20 dB/dec，因此 $\nu=1$。

② $G(s)=\dfrac{K}{s(T^2s^2+2\xi Ts+1)}$。

③ $20\lg\dfrac{1}{2\xi\sqrt{1-2\xi^2}}=4.85 \ \Rightarrow\ \xi\approx0.321$。

$$\omega_r=\frac{1}{T}\sqrt{1-2\xi^2}=45.3 \quad\Rightarrow\quad T=0.02$$

④ 低频段延长线交于 100，因此 $K=100$。

$$G(s)=\frac{100}{s(4\times10^{-4}s^2+0.01284s+1)}$$

5－11　三个最小相位系统传递函数的对数幅频渐进曲线如图 5.10 所示，要求：

(1) 写出对应的传递函数表达式。

(2) 概略画出各个传递函数对应的对数相频曲线和其极坐标图。

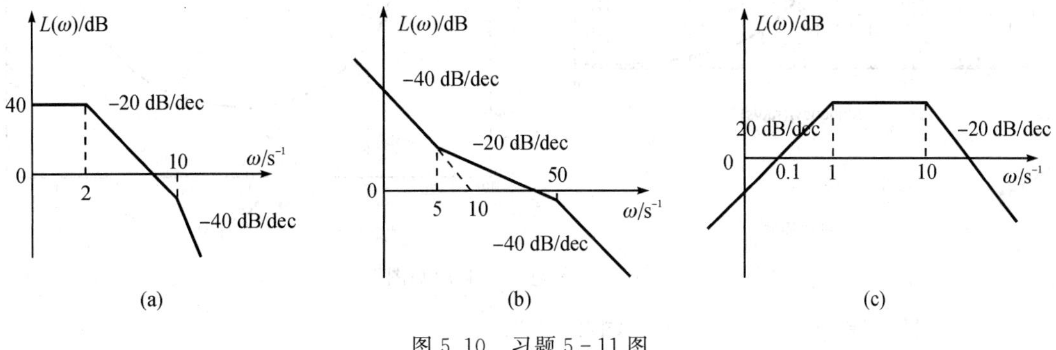

图 5.10　习题 5－11 图

【解】

(1) ① 低频段斜率为 0，因此 $\nu=0$。

② $T_1=2$，$T_2=10$。

③ $20\lg K=40 \quad \Rightarrow \quad K=100$。

$$G(s)=\frac{100}{\left(\frac{1}{2}s+1\right)\left(\frac{1}{10}s+1\right)}$$

$$G(\mathrm{j}\omega)=\frac{100}{\sqrt{1+\frac{\omega^2}{4}}\sqrt{1+\frac{\omega^2}{100}}}\mathrm{e}^{\mathrm{j}\left(-\arctan\frac{\omega}{2}-\arctan\frac{\omega}{10}\right)}$$

开环幅相曲线起点为 $G(\mathrm{j}0_+)=100\angle0°$，终点为 $G(\mathrm{j}\infty)=0\angle-180°$。

与实轴交点：

$$\varphi(\omega)=-\arctan\frac{\omega}{10}-\arctan\frac{\omega}{2}=-180°$$

无解，所以与负实轴无交点。相频曲线如图 5.11(a)所示，极坐标图如图 5.11(b)所示。其 MATLAB 程序为

```
num=[2000];
den=[1 12 20];
bode(num, den)
```

```
[Re, Im]=nyquist(num, den);
plot(Re(:, :), Im(:, :));grid
```

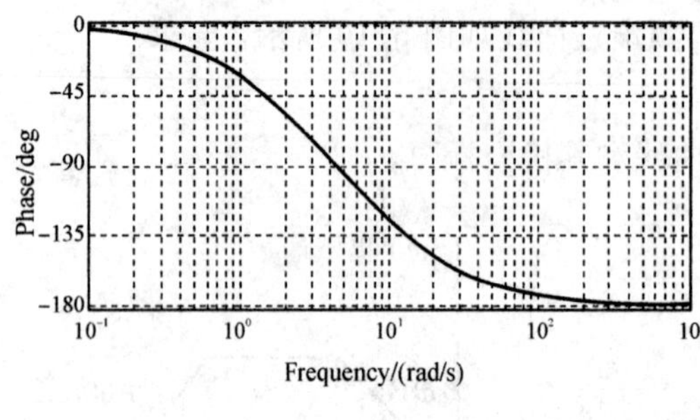

(a) 对数相频

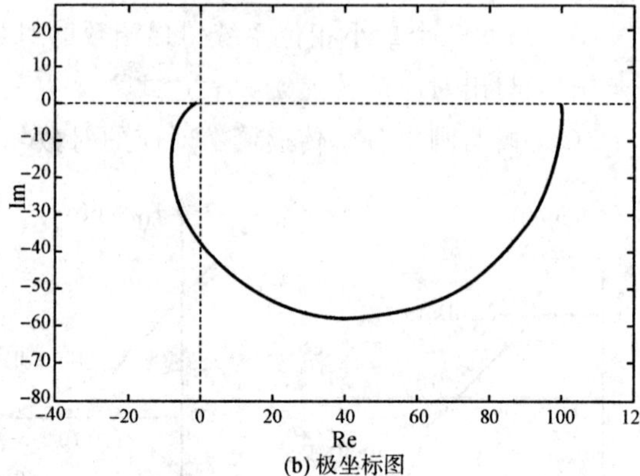

(b) 极坐标图

图 5.11　习题 5-11(a)解图

(2) ① 低频段 $k=-40$ dB/dec，因此 $\nu=2$。

② $T_1=5$，$T_2=50$。

③ 低频段延长线交点为 10 ⇒ $K=100$。

$$G(s)=\frac{100\left(\frac{1}{5}s+1\right)}{s^2\left(\frac{1}{50}s+1\right)}$$

$$G(\mathrm{j}\omega)=\frac{100\sqrt{1+\frac{\omega^2}{25}}}{\omega^2\sqrt{1+\frac{\omega^2}{2500}}}\mathrm{e}^{\mathrm{j}\left(\arctan\frac{\omega}{5}-180^\circ-\arctan\frac{\omega}{50}\right)}$$

开环幅相曲线起点为 $G(\mathrm{j}0_+)=\infty\angle-180^\circ$，终点为 $G(\mathrm{j}\infty)=0\angle-180^\circ$。

与实轴交点：

$$\varphi(\omega)=\arctan\frac{\omega}{5}-180^\circ-\arctan\frac{\omega}{50}=-180^\circ$$

无解，则与负实轴无交点。相频曲线如图 5.12(a)所示，极坐标图如图 5.12(b)所示。

其 MATLAB 程序为

```
num=[20 100];den=[0.02 1 0 0];
w=logspace(-1, 3, 100);
[mag, phase, w]=bode(num, den, w)
semilogx(w, phase);grid on
```

```
figure
[Re, Im]=nyquist(num, den);plot(Re(:, :), Im(:, :));
axis([-2 1 -2 1]), grid on
```

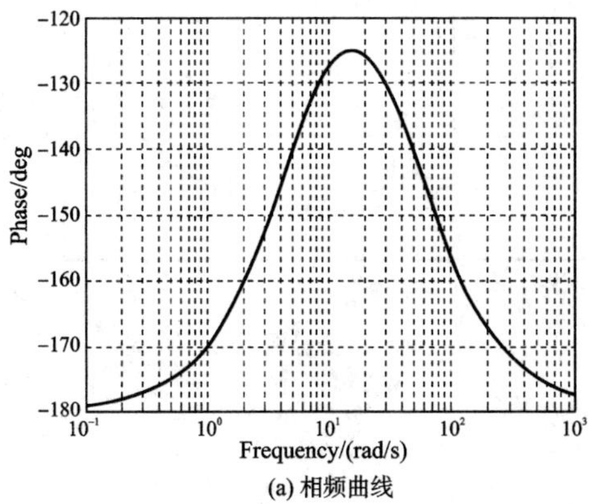

(a) 相频曲线

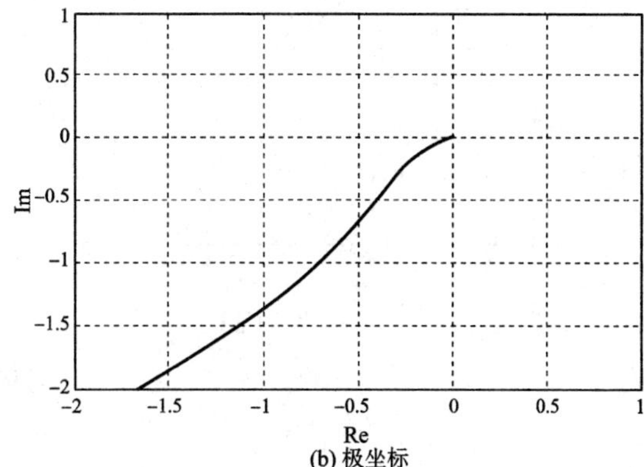

(b) 极坐标

图 5.12　习题 5-11(b)解图

(3) ① 低频段 $k=20$ dB/dec。

② $T_1=1$，$T_2=10$。

③ 低频段交点为 0.1 ⇒ $K=10$。

$$G(s)=\frac{10s}{(s+1)(0.1s+1)}$$

$$G(j\omega)=\frac{10\omega}{\sqrt{1+\omega^2}\sqrt{1+(0.1\omega)^2}}e^{j(90^\circ-\arctan\omega-\arctan0.1\omega)}$$

开环幅相曲线起点为 $G(j0_+)=0\angle 90^\circ$，终点为 $G(j\infty)=100\angle -90^\circ$。

与实轴交点：

$$\varphi(\omega)=90^\circ-\arctan\omega-\arctan0.1\omega=-180^\circ$$

无解，与负实轴无交点。相频曲线如图 5.13(a)所示，极坐标图如图 5.13(b)所示。

5-12　设开环系统的极坐标图如图 5.14 所示，其中 P 为 s 的右半平面上开环根的个数，ν 为系统开环积分环节的个数，试判别系统的稳定性。

【解】

(1) $P=0$，$N=2\times(1)=2$，$Z=P+N=2\neq0$，所以闭环不稳定。

(2) $\nu=2$，如图 5.15(a)所示，逆时针补画 180°，半径为无穷大的圆弧。

$P=0$，$N=2\times0=0$，$Z=P+N=0$，所以闭环稳定。

(3) $\nu=2$，如图 5.15(b)所示，逆时针补画 180°，半径为无穷大的圆弧。

$P=0$，$N=2\times(1)=2$，$Z=P+N=2$，所以闭环不稳定。

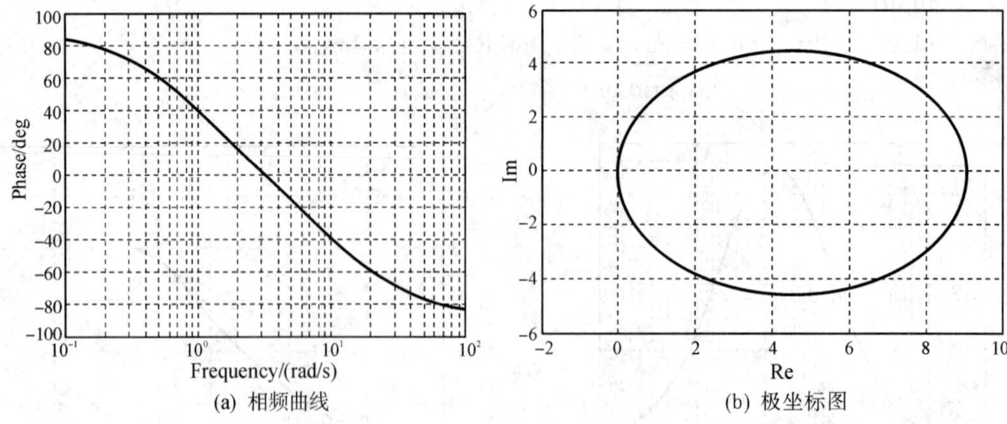

(a) 相频曲线　　(b) 极坐标图

图 5.13　习题 5-11(c)解图

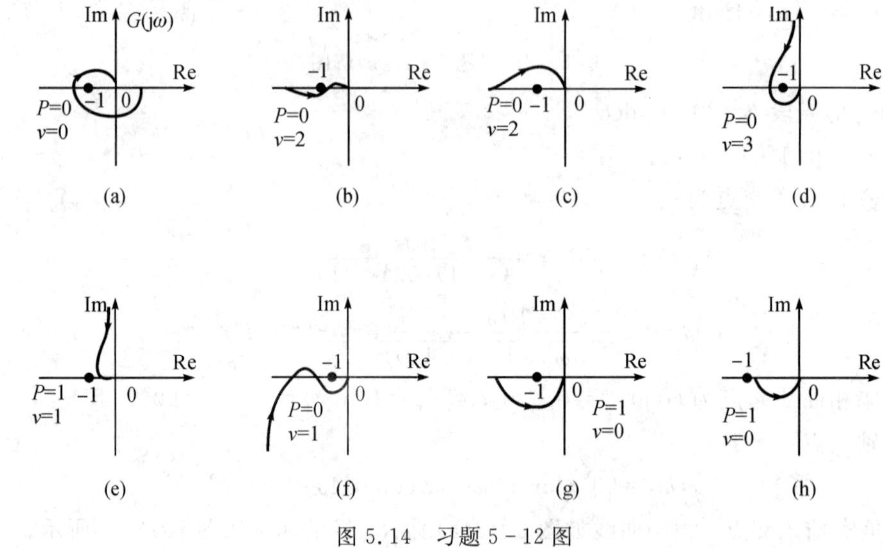

(a)　(b)　(c)　(d)　(e)　(f)　(g)　(h)

图 5.14　习题 5-12 图

(4) $\nu=3$，如图 5.15(c)所示，逆时针补画 270°，半径为无穷大的圆弧。

$P=0$，$N=2\times 0=0$，$Z=P+N=0$，所以闭环稳定。

(5) $\nu=1$，如图 5.15(d)所示，逆时针补画 90°，半径为无穷大的圆弧。

$P=1$，$N=2\times\left(\frac{1}{2}\right)=1$，$Z=P+N=2$，所以闭环不稳定。

(6) $\nu=1$，如图 5.15(e)所示，逆时针补画 90°，半径为无穷大的圆弧。

$P=0$，$N=2\times 0=0$，$Z=P+N=0$，所以闭环稳定。

(7) $P=1$，$N=2\times\left(-\frac{1}{2}\right)=-1$，$Z=P+N=0$，所以闭环稳定。

(8) $P=1$，$N=2\times 0=0$，$Z=P+N=1$，所以闭环不稳定。

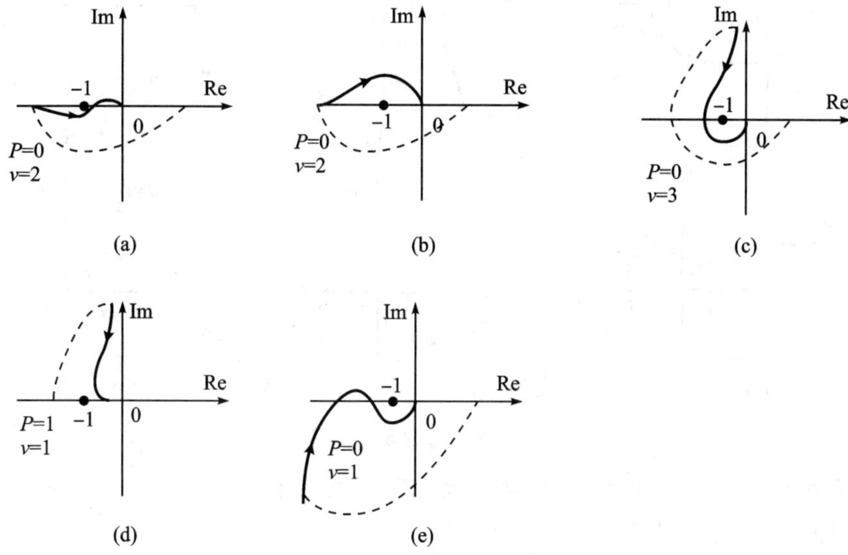

图 5.15　习题 5-12 解图

5-13　已知控制系统的开环传递函数如下所示，找出图 5.16 中所对应的频率特性极坐标图，并判断其闭环系统的稳定性。

(1) $G_0(s)=\dfrac{k}{(T_1s+1)(T_2s+1)(T_3s+1)}$；

(2) $G_0(s)=\dfrac{k}{s(T_1s+1)(T_2s+1)}$；

(3) $G_0(s)=\dfrac{k}{s^2(Ts+1)}$；

(4) $G_0(s)=\dfrac{k}{(Ts-1)}$；

(5) $G_0(s)=\dfrac{k}{s(Ts-1)}$；

(6) $G_0(s)=\dfrac{k(T_2s+1)}{s(T_1s-1)}$。

【解】

(1) $\begin{matrix} G(\mathrm{j}0_+)=k\angle 0^\circ \\ G(\mathrm{j}\infty)=0\angle -270^\circ \end{matrix}$　→图 5.16(a)。

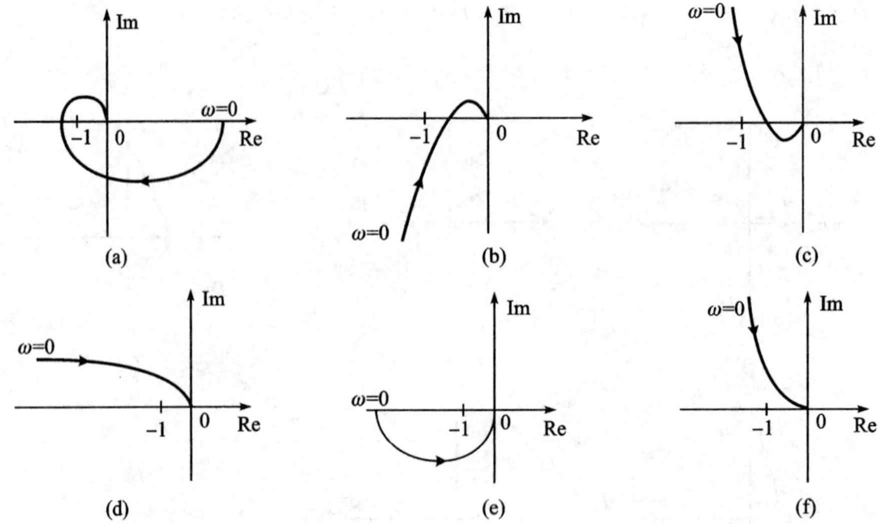

图 5.16　习题 5-13 图

因为 $P=0$，$N=2\times(1)=2$，$Z=P+N=2$，所以闭环系统不稳定。

(2) $\begin{array}{l} G(j0_{+})=\infty\angle-90^{\circ} \\ G(j\infty)=0\angle-270^{\circ} \end{array}$ $\Rightarrow$图 5.16(b)。

$\nu=1$，如图 5.17(a)所示，逆时针补画 90°，半径为无穷大的圆弧。

$P=0$，$N=2\times0=0$，$Z=P+N=0$，所以闭环系统稳定。

(3) $\begin{array}{l} G(j0_{+})=\infty\angle-180^{\circ} \\ G(j\infty)=0\angle-270^{\circ} \end{array}$ $\Rightarrow$图 5.16(d)。

$\nu=2$，如图 5.17(b)所示，逆时针补画 180°，半径为无穷大的圆弧。

$P=0$，$N=2\times(1)=2$，$Z=P+N=2$，所以闭环系统不稳定。

(4) $\begin{array}{l} G(j0_{+})=-k\angle0^{\circ} \\ G(j\infty)=0\angle-90^{\circ} \end{array}$ $\Rightarrow$图 5.16(e)。

因为 $P=1$，$N=2\times\left(-\frac{1}{2}\right)=-1$，$Z=P+N=0$，所以闭环系统稳定。

(5) $\begin{array}{l} G(j0_{+})=\infty\angle-270^{\circ} \\ G(j\infty)=0\angle180^{\circ} \end{array}$ $\Rightarrow$图 5.16(f)。

$\nu=1$，如图 5.17(c)所示，逆时针补画 90°，半径为无穷大的圆弧。

$P=1$，$N=2\times\left(\frac{1}{2}\right)=1$，$Z=P+N=2$，所以闭环系统不稳定。

(6) $\begin{matrix} G(\mathrm{j}0_+)=\infty\angle-270° \\ G(\mathrm{j}\infty)=0\angle-90° \end{matrix}$ ⇒图 5.16(c)。

$\nu=1$，如图 5.17(d)所示，逆时针补画 90°，半径为无穷大的圆弧。

$P=1$，$N=2\times\left(\frac{1}{2}\right)=1$，$Z=P+N=2$，所以闭环系统不稳定。

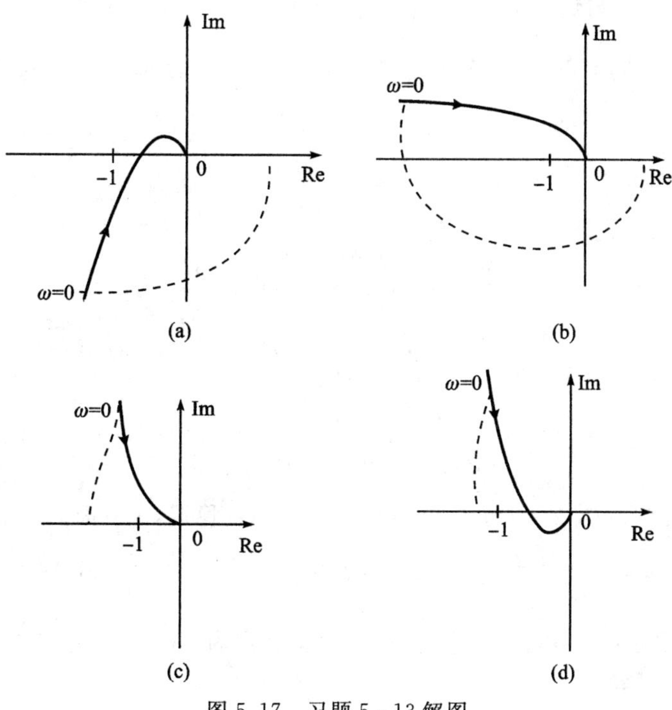

图 5.17　习题 5-13 解图

5-14　画出以下开环传递函数的奈氏图，并根据奈氏判据确定其闭环稳定性，指出有几个根在 s 平面的右半平面。

(1) $G(s)=\dfrac{1}{s(s+1)(2s+1)}$；

(2) $G(s)=\dfrac{2}{s^2(s+1)(2s+1)}$；

(3) $G(s)=\dfrac{1+6s}{s^2(s+1)(2s+1)}$。

【解】

(1) $G(\mathrm{j}\omega)=\dfrac{1}{\mathrm{j}\omega(1+\mathrm{j}\omega)(1+\mathrm{j}2\omega)}=\dfrac{1}{\omega\sqrt{1+\omega^2}\sqrt{1+4\omega^2}}\mathrm{e}^{\mathrm{j}(-90°-\arctan\omega-\arctan2\omega)}$

开环幅相曲线起点为 $G(\mathrm{j}0_+)=\infty\angle-90°$，终点为 $G(\mathrm{j}\infty)=0\angle-270°$。

与实轴交点：

$$\varphi(\omega)=-90°-\arctan\omega-\arctan 2\omega=-180°$$

解得 $\omega=\frac{\sqrt{2}}{2}$。

$|G(\mathrm{j}\omega)|=\frac{2}{3}$，即与负实轴交于点$\left(-\frac{2}{3}, \mathrm{j}0\right)$。

$\nu=1$，逆时针补画 90°，半径为无穷大的圆弧，奈氏曲线如图 5.18 所示。

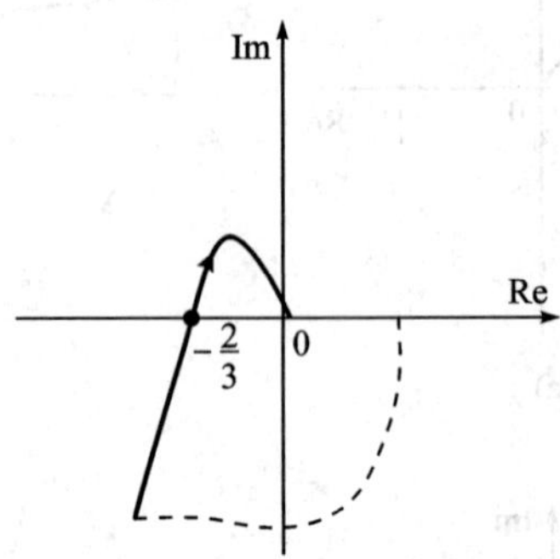

图 5.18　习题 2-14(1)解图

$P=0$，$N=2\times 0=0$，$Z=P+N=0$，因此闭环系统稳定，s 平面的右平面无根。

(2) $|G(\mathrm{j}\omega)|=\frac{2}{\omega^2\sqrt{1+\omega^2}\sqrt{1+4\omega^2}}$，$\angle G(\mathrm{j}\omega)=-180°-\arctan\omega-\arctan 2\omega$

开环幅相曲线起点为 $G(\mathrm{j}0_+)=\infty\angle-180°$，终点为 $G(\mathrm{j}\infty)=0\angle-360°$。

与实轴交点：

$$\varphi(\omega)=-180°-\arctan\omega-\arctan 2\omega=-180°$$

无解，则与负实轴无交点。

$\nu=2$，逆时针补画 180°，半径为无穷大的圆弧，奈氏曲线如图 5.19 所示。

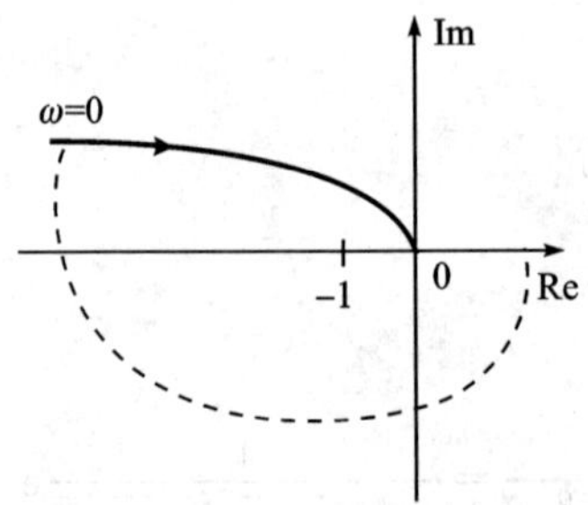

图 5.19　习题 5-14(2)解图

$P=0$，$N=2\times(1)=2$，$Z=P+N=2$，所以闭环系统不稳定，s 平面的右平面有两个根。

(3) $|G(\mathrm{j}\omega)|=\dfrac{\sqrt{1+36\omega^2}}{\omega^2\sqrt{1+\omega^2}\sqrt{1+4\omega^2}}$，$\angle G(\mathrm{j}\omega)=-180°-\arctan\omega-\arctan 2\omega+\arctan 6\omega$

开环幅相曲线起点为 $G(\mathrm{j}0_+)=\infty\angle-180°$，终点为 $G(\mathrm{j}0_\infty)=0\angle-270°$。

与实轴交点：

$$\varphi(\omega)=-180°-\arctan\omega-\arctan 2\omega+\arctan 6\omega=-180°$$

求得 $\omega_g=1/2$，则

$$|G(\mathrm{j}\omega_g)H(\mathrm{j}\omega_g)|=\frac{\sqrt{(6\omega_g)^2+1}}{\omega_g^2\sqrt{\omega_g^2+1}\sqrt{(2\omega_g)^2+1}}=8$$

与负实轴交点为(−8，j0)。

$\nu=2$，逆时针补画 180°，半径为无穷大的圆弧，奈氏曲线如图 5.20 所示。

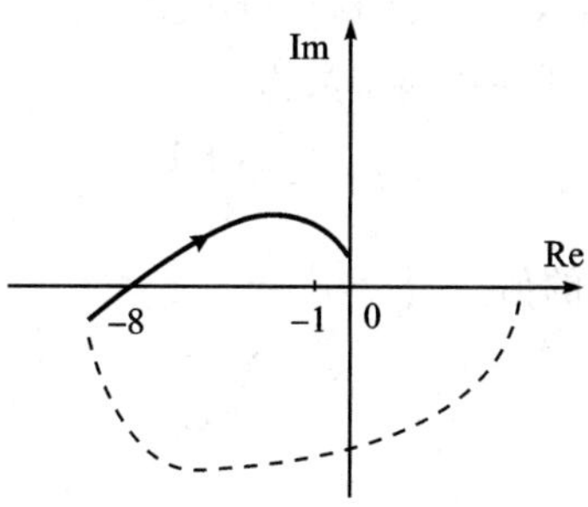

图 5.20　习题 5-14(3)解图

$P=0$，$N=2\times(1)=2$，$Z=P+N=2$，所以闭环系统不稳定，s 平面的右平面有两个根。

5-15　设单位负反馈系统的开环传递函数为

$$G(s)=\frac{K}{s(0.1s+1)(s+1)}$$

(1) 求系统相角裕度为60°时的 K 值；

(2) 求系统幅值裕量为 20 dB 时的 K 值；

(3) 估算谐振峰值 $M_r=1.4$ 时的 K 值。

【解】

$$G(\mathrm{j}\omega)=\frac{K}{\mathrm{j}\omega(\mathrm{j}0.1\omega+1)(\mathrm{j}\omega+1)}$$

$$A(\omega)=\frac{K}{\omega\sqrt{1+0.01\omega^2}\sqrt{1+\omega^2}}$$

$$\varphi(\omega)=-90°-\arctan0.1\omega-\arctan\omega$$

$$\gamma=180°+\varphi(\omega)$$

$$h=-20\lg A(\omega)$$

$$M_r=\frac{1}{|\sin\gamma|}$$

(1) $\gamma=60° \Rightarrow \omega_c=0.5$

$$A(\omega_c)=\frac{K}{\omega\sqrt{1+0.01\omega_c^2}\sqrt{1+\omega_c^2}}=1 \Rightarrow K=0.5$$

(2) $\varphi(\omega_g)=-90°-\arctan0.1\omega_x-\arctan\omega_x=-180° \Rightarrow \omega_x=\sqrt{10}$

$$h=-20\lg A(\omega_x)=20 \Rightarrow K=1$$

(3) $M_r=\frac{1}{|\sin\gamma|}=1.4 \Rightarrow \gamma=45° \Rightarrow \omega_c=0.8$

$$A(\omega_c)=\frac{K}{\omega\sqrt{1+0.01\omega_c^2}\sqrt{1+\omega_c^2}}=1 \Rightarrow K=1$$

5-16 设单位反馈系统的开环传递函数为

$$G(s)=\frac{as+1}{s^2}$$

试确定相角裕度为45°时参数 a 的值。

【解】

$$G(\mathrm{j}\omega)=\frac{\mathrm{j}a\omega+1}{-\omega^2}$$

$$A(\omega)=\frac{\sqrt{1+(a\omega)^2}}{\omega^2},\ \varphi(\omega)=\arctan a\omega-180°$$

$$\gamma=180°+\varphi(\omega),\quad \gamma=45° \Rightarrow \omega_c=\frac{1}{a}$$

$$A(\omega_c)=\frac{\sqrt{1+(a\omega)^2}}{\omega^2}=1 \Rightarrow a=0.8$$

5-17 已知单位负反馈系统的开环对数幅频特性曲线(渐近线)如图 5.21 所示(最小相位系统)。试求:

(1) 系统的开环传递函数，求出系统的相角裕量，说明系统的稳定性;

(2) 如果系统稳定，确定输入 $r(t)=t$ 时系统的稳态误差。

【解】

(1) ① 低频段 $k=-20$ dB/dec，因此 $\nu=1$。

② $G(s)=\dfrac{K}{s\left(\frac{1}{T_1}s+1\right)\left(\frac{1}{T_2}s+1\right)}$。

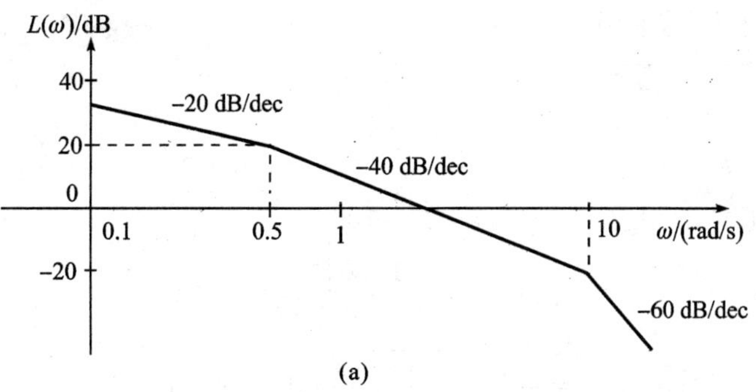

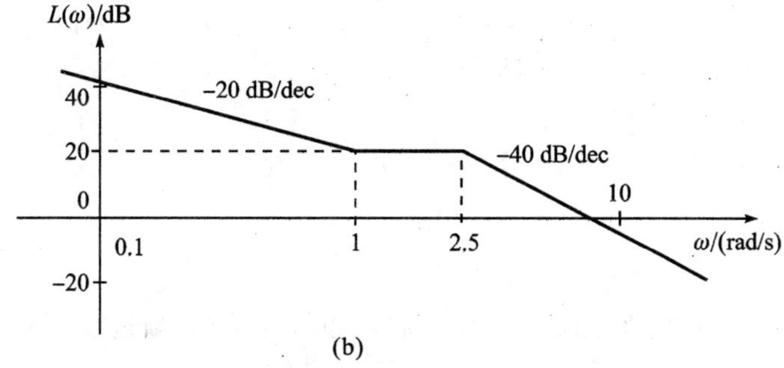

图 5.21 习题 5-17 图

③ $T_1=0.5$，$T_2=10$。

④ 当 $\omega=0.5$ 时，$20\lg|G(j\omega)|=20 \Rightarrow K=5$。

$$G(s)=\frac{5}{s(2s+1)(0.1s+1)}$$

$$|G(j\omega_c)|=\frac{5}{\omega_c\sqrt{1+4\omega_c^2}\sqrt{1+0.01\omega_c^2}}=1 \Rightarrow \omega_c=1.58$$

$$\varphi(\omega_c)=-90^\circ-\arctan 2\omega_c-\arctan 0.1\omega_c=-171.38^\circ$$

$$\gamma=180^\circ+\varphi(\omega_c)=8.62^\circ>0^\circ$$

系统稳定。

$$K_v=\lim_{s\to 0}sG(s)=5$$

$$e_{ss}=\frac{1}{K_v}=\frac{1}{5}=0.2$$

(2) ① 低频段 $k=-20$ dB/dec，因此 $\nu=1$。

② $G(s)=\dfrac{K\left(\dfrac{1}{T_1}s+1\right)}{s\left(\dfrac{1}{T_2}s+1\right)^2}$。

③ $T_1=1$，$T_2=2.5$。

④ 当 $\omega=1$ 时，$20\lg K=20 \Rightarrow K=10$

$$G(s)=\frac{10(s+1)}{s(0.4s+1)^2}$$

$$|G(j\omega_c)|=\frac{10\sqrt{1+\omega_c^2}}{\omega_c(1+0.16\omega_c^2)}=1 \quad\Rightarrow\quad \omega_c=7.9$$

$$\varphi(\omega_c)=-90^\circ-2\arctan 0.4\omega_c+\arctan\omega_c=-152.1^\circ$$

$$\gamma=180^\circ+\varphi(\omega_c)=27.9^\circ>0^\circ$$

系统稳定。

$$K_v=\lim_{s\to 0}sG(s)=10$$

$$e_{ss}=\frac{1}{K_v}=0.1$$

5-18 已知单位负反馈系统的开环对数幅频特性曲线(渐近线)如图 5.22 所示(最小相位系统)。试求：

(1) 系统的开环传递函数，求出系统的相角裕量，说明系统的稳定性；

(2) 如果系统稳定，确定输入 $r(t)=\dfrac{1}{2}t^2$ 时系统的稳态误差。

【解】

1. 图(a)

(1) ① 低频段 $k=-40$ dB/dec，因此 $\nu=2$。

② $G(s)=\dfrac{K\left(\dfrac{1}{T_1}s+1\right)}{s^2\left(\dfrac{1}{T_2}s+1\right)}$。

③ $T_1=0.1$，$T_2=1$。

④ 当 $\omega=0.1$ 时，$20\lg|G(j\omega)|=20 \Rightarrow K=0.1$

$$G(s)=\frac{0.1(10s+1)}{s^2(s+1)}$$

$$|G(j\omega_c)|=\frac{0.1\sqrt{1+100\omega_c^2}}{\omega_c^2\sqrt{1+\omega_c^2}}=1 \quad\Rightarrow\quad \omega_c=1$$

$$\varphi(\omega_c)=-180^\circ-\arctan\omega_c+\arctan 10\omega_c=-140.7^\circ$$

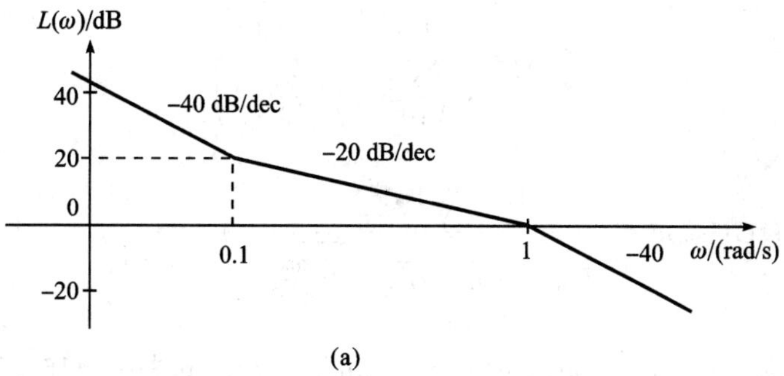

(a)

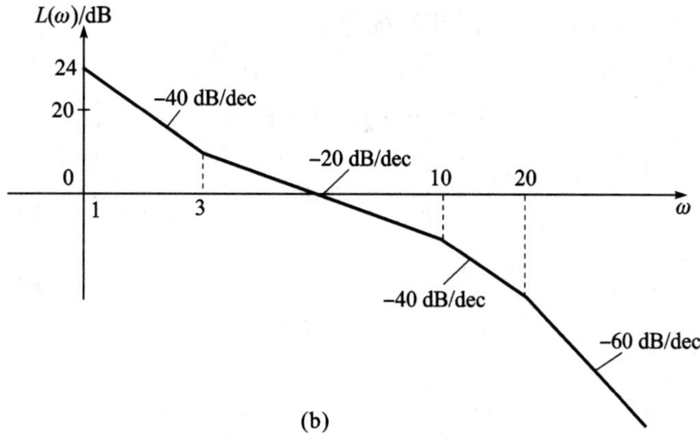

(b)

图 5.22　习题 5-18 图

$\gamma=180^\circ+\varphi(\omega_c)=39.3^\circ>0^\circ$，闭环系统稳定。

(2) $K=0.1$，Ⅱ型系统。

$$K_a=\lim_{s\to 0}s^2G(s)=0.1$$

$$e_{ss}=\frac{1}{K_a}=10$$

2. 图(b)

(1) ① 低频段 $k=-40$ dB/dec，因此 $\nu=2$。

② $G(s)=\dfrac{K\left(\dfrac{1}{T_1}s+1\right)}{s^2\left(\dfrac{1}{T_2}s+1\right)\left(\dfrac{1}{T_3}s+1\right)}$。

③ $T_1=3$，$T_2=10$，$T_3=20$。

④ 当 $\omega=1$ 时，$20\lg|G(j\omega)|=24\quad\Rightarrow\quad K=15.2$

$$G(s)=\frac{15.2\left(\frac{s}{3}+1\right)}{s^2\left(\frac{s}{10}+1\right)\left(\frac{s}{20}+1\right)}$$

$$|G(j\omega_c)|=\frac{15.2\sqrt{1+\frac{\omega_c^2}{9}}}{\omega_c^2\sqrt{1+0.01\omega_c^2}\sqrt{1+\frac{\omega_c^2}{400}}}=1 \quad \Rightarrow \quad \omega_c=5.1$$

$$\varphi(\omega_c)=-180°-\arctan\frac{\omega_c}{10}-\arctan\frac{\omega_c}{20}+\arctan\frac{\omega}{3}=-161.77°$$

$\gamma=180°+\varphi(\omega_c)=18.23°>0°$，闭环系统稳定。

(2) $K=15.2$，Ⅱ型系统。

$$K_a=\lim_{s\to 0}s^2G(s)=15.2$$

$$e_{ss}=\frac{1}{K_a}=0.066$$

第六章　线性控制系统的校正

一、知识点网络图

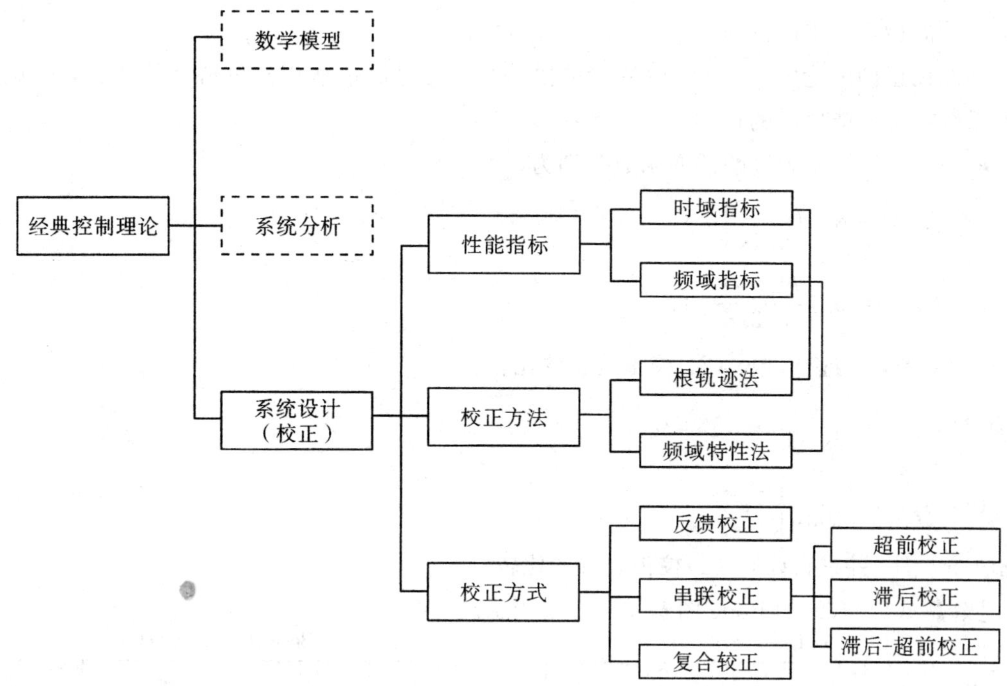

二、学习目的

(1) 理解校正的概念，明确系统校正的方式和校正的本质；

(2) 掌握超前校正、滞后校正、滞后-超前校正的设计方法；

(3) 重点掌握用频率法设计串联校正网络的基本方法和步骤。

习题与解答

6-1　对于最小相位系统而言，采用频率特性法实现控制系统的动静态校正的基本思路是什么？静态校正的理论依据是什么？动态校正的理论依据是什么？

【解】 设校正装置的形式为 $G_c(s)=\frac{K_c}{s^{\nu}}G_c{}'(s)$。根据开环传递函数的形式以及对系统静态指标的具体要求，确定校正装置中积分环节 ν 的个数，以及比例环节 K_c 的取值；然后再根据对系统动态指标的要求和受控对象的结构特征，选择超前校正网络、滞后校正网络或滞后-超前校正网络，实施动态校正。

静态校正的理论依据：通过改变低频特性，提高系统型别和开环增益，以达到满足系统静态性能指标要求的目的。

动态校正的理论依据：通过改变中频段特性，使剪切频率和相角裕量足够大，以达到满足系统动态性能要求的目的。

6-2 已知校正装置的传递函数分别为

(1) $G_1(s)=0.1\left(\frac{s+1}{0.1s+1}\right)$；

(2) $G_2(s)=0.1\left(\frac{s+1}{0.2s+1}\right)$；

绘制 Bode 图，并进行(1)、(2) 校正装置的比较。

(3) $G_1(s)=\frac{s+1}{2s+1}$；

(4) $G_2(s)=\frac{s+1}{100s+1}$；

绘制 Bode 图，并进行(3)、(4)校正装置的比较。

【解】 (1)和(2)的 Bode 图解如图 6.1 所示。

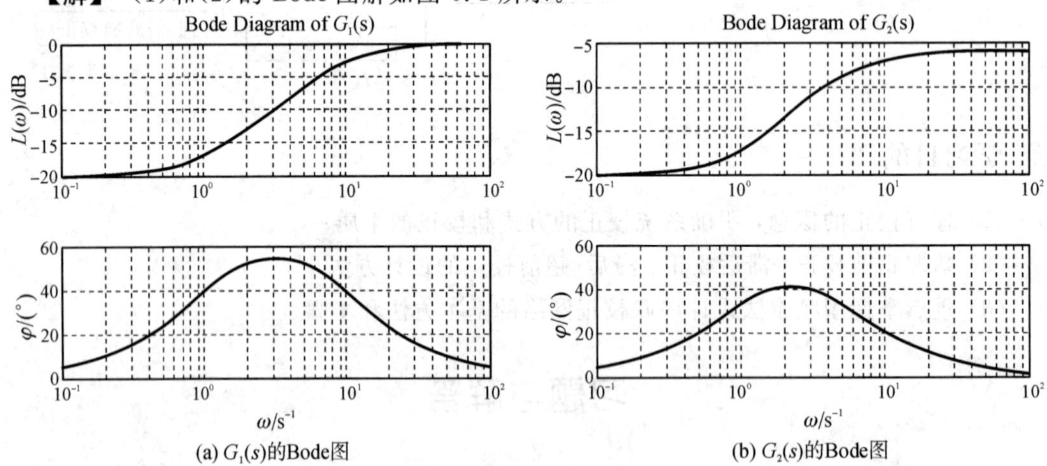

图 6.1 习题 6-2(1)(2)解图

两个校正装置都是超前校正装置。但装置(1)超前频段较(2)宽，则(1)的超前幅度比(2)的超前幅度大。其中(1)的程序如下：

```
num=[0.1 0.1];den=[0.1 1];
w=logspace(-1, 2, 100);
[mag, phase, w]=bode(num, den, w);
subplot(211);
semilogx(w, 20 * log10(mag));
grid on;
xlabel('ω /s^-^1');ylabel('L(ω)/dB');
title('Bode Diagram of G(s)');
subplot(212);
semilogx(w, phase);
xlabel('ω/s^-^1');ylabel('φ (ω)');
grid on;
```

(2) 的程序类同(1)，省略之。

(3) 和(4)的 Bode 图解如图 6.2 所示。

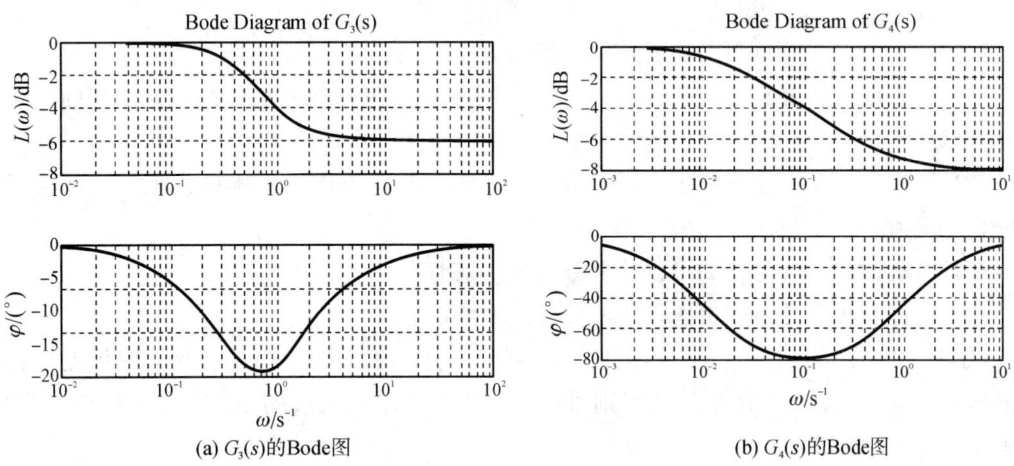

(a) $G_3(s)$的Bode图　　(b) $G_4(s)$的Bode图

图 6.2　习题 6-2(3)(4)解图

$T=1$，$\alpha_1=2$，$\alpha_2=100$。因为 $\alpha_2>\alpha_1$，所以装置(4)的滞后校正作用比装置(3)强。

6-3　某闭环系统有一对闭环主导极点，若要求该系统的动态性能指标满足过渡过程时间 $t_s\leqslant a(a>0)$，超调量 $M_p\leqslant b(0<b<100)$，试在图 6.3 中的复平面上画出闭环主导极点允许区域。

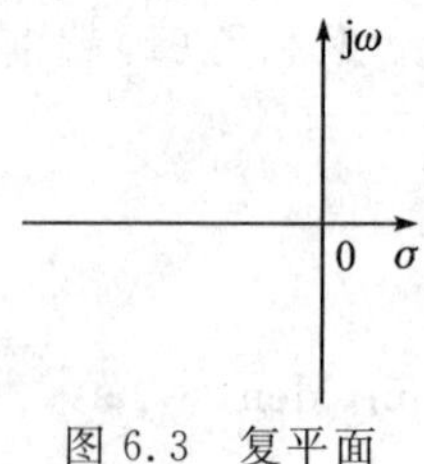

图 6.3 复平面

【解】 根据动态性能指标的计算公式，有

$$M_{\mathrm{p}}=\mathrm{e}^{-\frac{\sigma\pi}{\omega_{\mathrm{d}}}}\times 100\%=\mathrm{e}^{-\pi\mathrm{arccot}\beta}\times 100\% \Rightarrow \beta=\mathrm{arccot}\,\frac{-\ln b}{\pi}$$

$$t_{\mathrm{s}}\approx\frac{3}{\sigma}=a \Rightarrow \sigma\approx\frac{3}{a}$$

解图见图 6.4，图中阴影部分为闭环主导极点的取值区域。

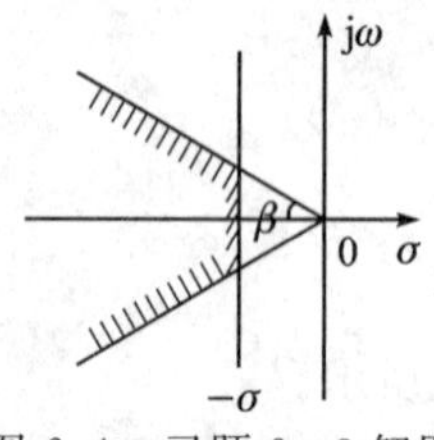

图 6.4 习题 6-3 解图

6-4 试回答下列问题，着重从物理概念方面说明：

(1) 有源校正装置与无源校正装置有何不同特点？在实现校正规律时，它们的作用是否相同？

(2) 如果Ⅰ型系统经过校正之后希望成为Ⅱ型系统，应该采用哪种校正规律才能保证系统的稳定性？

(3) 串联超前校正为什么可以改善系统的动态性能？

(4) 从抑制噪音的角度考虑，最好采用哪种校正形式？

【解】 (1) 无源校正装置的输出信号的幅值总是小于输入信号的幅值，即传递过程只能衰减，不能放大；而有源校正装置则可以根据用户要求放大或缩小。在实现校正规律时，它们的作用是相同的。

(2) 为保证加入积分环节后，特征方程不出现漏项，一般选择校正装置的形式为

$$G_{\mathrm{c}}(s)=\frac{k(\tau s+1)}{s}$$

(3) 适当选取校正装置的参数，可以有效改变开环系统中频段的特性：提高系统的稳定裕量，以减小超调；提高穿越频率，以加快调节速度。

(4) 选择滞后校正装置，可以减小系统高频段的幅值，从而削弱高频干扰信号对系统的影响。

6-5　单位负反馈系统开环传递函数为

$$G(s)=\frac{400}{s^2(0.01s+1)}$$

若采用串联最小相位校正装置，则图 6.5(a)、(b)、(c)分别为三种推荐的串联校正装置。

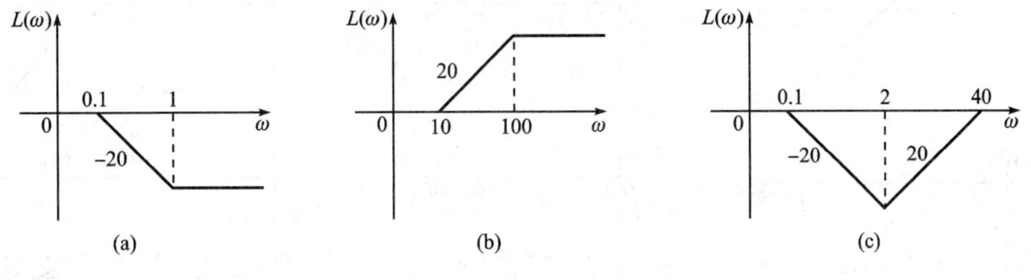

图 6.5　习题 6-5 图

(1) 写出校正装置所对应的传递函数，绘制对数相频特性草图；

(2) 哪一种校正装置可以使校正后的系统稳定性最好？

(3) 哪一种校正装置对高频信号的抑制能力最强？

【解】　(1) 三种装置所对应的传递函数分别为

装置(a)：$G_c(s)=\dfrac{s+1}{10s+1}$；

装置(b)：$G_c(s)=\dfrac{0.1s+1}{0.01s+1}$；

装置(c)：$G_c(s)=\dfrac{(0.5s+1)^2}{(10s+1)(0.025s+1)}$。

校正装置对数相频特性草图如图 6.6 所示。

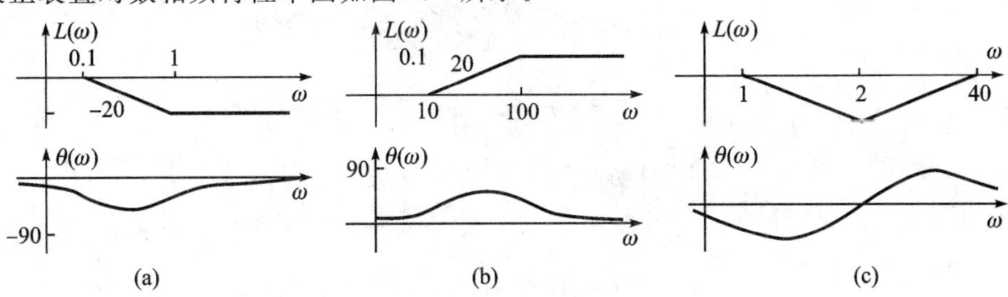

图 6.6　对数相频特性草图

（2）首先画出校正后的 Bode 曲线，直接进行比较；然后计算校正后的截止频率和相角裕度。

校正后的 Bode 曲线如图 6.7 所示。由图可知，装置(c)使校正后的系统稳定性最好。

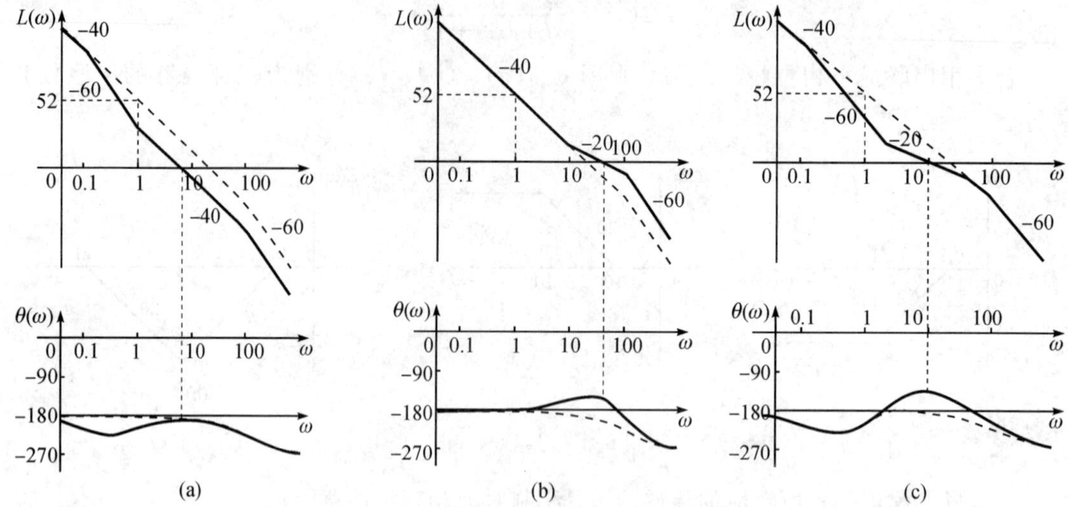

图 6.7　校正后的 Bode 曲线图

装置(a)：

$$G_k(s)=G(s)G_c(s)=\frac{400(s+1)}{s^2(10s+1)(0.01s+1)}$$

$$L(\omega)=\begin{cases}20\lg\dfrac{400}{\omega^2},\ \omega\leqslant 0.1\\[2ex] 20\lg\dfrac{400}{\omega^2\times 10\omega},\ 0.1\leqslant\omega\leqslant 1\\[2ex] 20\lg\dfrac{400\times\omega}{\omega^2\times 10\omega},\ 1\leqslant\omega\leqslant 100\\[2ex] 20\lg\dfrac{400\times\omega}{\omega^2\times 10\omega\times 0.01\omega},\ \omega\leqslant 100\end{cases}$$

$$\Rightarrow\quad\frac{400\times\omega}{\omega^2\times 10\omega}=1\quad\Rightarrow\quad\omega_c=6.33\quad(1\leqslant\omega_c\leqslant 100)$$

$$\gamma=180°-2\times 90°+\arctan\omega_c-\arctan 10\omega_c-\arctan 0.01\omega_c=-11.7°<0$$

系统不稳定。

装置(b)：

$$G_k(s)=G(s)G_c(s)=\frac{400(0.1s+1)}{s^2\ (0.01s+1)^2}$$

$$L(\omega)=\begin{cases}20\lg\dfrac{400}{\omega^2}, & (\omega\leqslant 10)\\ 20\lg\dfrac{400\times 0.1\omega}{\omega^2}, & (10\leqslant\omega\leqslant 100)\\ 20\lg\dfrac{400\times 0.1\omega}{\omega^2\times(0.01\omega)^2}, & (\omega\geqslant 100)\end{cases}$$

$$\Rightarrow\quad \frac{400\times 0.1\omega_c}{\omega_c^2}=1\quad\Rightarrow\quad \omega_c=40\quad(10\leqslant\omega_c\leqslant 100)$$

$$\gamma=180°-2\times 90°+\arctan 0.1\omega_c-2\arctan 0.01\omega_c=32.36°$$

系统稳定。

装置(c)：

$$G_k(s)=G(s)G_c(s)=\frac{400\,(0.5s+1)^2}{s^2(10s+1)(0.01s+1)(0.025s+1)}$$

$$L(\omega)=\begin{cases}20\lg\dfrac{400}{\omega^2},\ \omega\leqslant 0.1\\ 20\lg\dfrac{400}{\omega^2\times 10\omega},\ 0.1\leqslant\omega\leqslant 2\\ 20\lg\dfrac{400\times(0.5\omega)^2}{\omega^2\times 10\omega},\ 2\leqslant\omega\leqslant 40\\ 20\lg\dfrac{400\times(0.5\omega)^2}{\omega^2\times 10\omega\times 0.025\omega},\ 40\leqslant\omega\leqslant 100\\ 20\lg\dfrac{400\times(0.5\omega)^2}{\omega^2\times 10\omega\times 0.01\omega\times 0.025\omega},\ \omega\geqslant 100\end{cases}$$

$$\Rightarrow\quad \frac{400\times(0.5\omega_c)^2}{\omega_c^2\times 10\omega_c}=1\quad\Rightarrow\quad \omega_c=10\quad(2\leqslant\omega_c\leqslant 40)$$

$\gamma=180°-2\times 90°+2\arctan 0.5\omega_c-\arctan 10\omega_c-\arctan 0.01\omega_c-\arctan 0.025\omega_c=48.21°$

结论：校正装置(c)可以使校正后的系统稳定性最好。

(3) 校正装置(a)会令高频段信号衰减，因此，从抑制高频干扰的角度考虑其效果最好。

6-6　已知最小相位系统的开环对数幅频特性曲线如图 6.8 所示。

(1) 写出开环传递函数；

(2) 确定使系统稳定的 K 值的取值区间；

(3) 分析系统是否存在闭环主导极点，若有，则利用主导极点的位置确定是否能通过 K 的取值，使动态性能指标同时满足 $t_s\leqslant 6$ s，$M_p\leqslant$

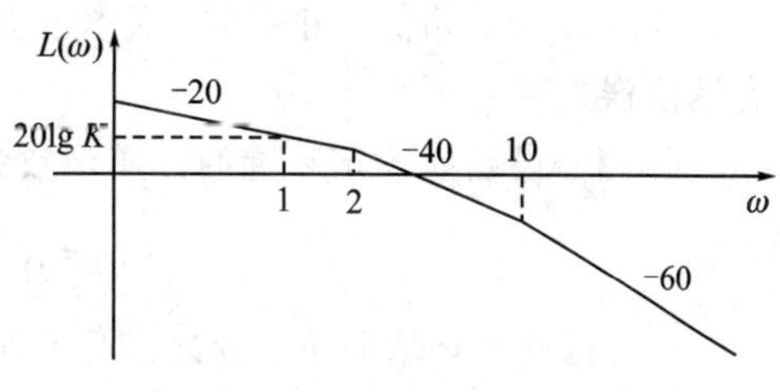

图 6.8　习题 6-6 图

20%，并说明理由。

【解】 (1) 开环传递函数为

$$G_k(s)=\frac{K}{s(0.5s+1)(0.1s+1)}$$

(2) 系统的特征方程为

$$0.05s^3+0.6s^2+s+K=0$$

系统稳定的条件为

$$\begin{cases}K>0\\0.05K<0.6\end{cases}\Rightarrow\quad 0<K<12$$

(3) 改变开环传递函数为零极点分布形式，有

$$G_k(s)=\frac{20K}{s(s+2)(s+10)}$$

则根轨迹方程为

$$\frac{20K}{s(s+2)(s+10)}=-1$$

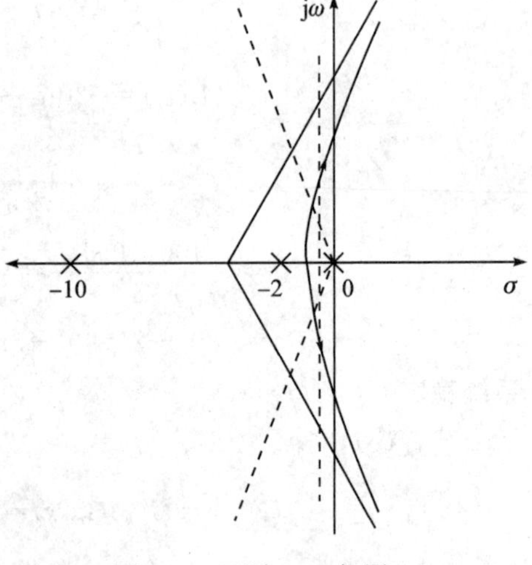

图 6.9　习题 6-6 解图

绘制根轨迹草图，如图 6.9 所示。

计算实轴上的分离点：

$$s=-0.95$$

系统存在两个主导极点。

$$t_s=\frac{4}{\sigma}\leqslant 6\text{ s}\Rightarrow 6\geqslant 0.66$$

$$M_p=e^{-\frac{\pi\xi}{\sqrt{1-\xi^2}}}\leqslant 20\%\Rightarrow\beta=\arccos\xi\leqslant 63^\circ$$

按照此条件在根轨迹图上画出主导极点允许区域。可见，有部分根轨迹在允许区域内，选择 K 的取值，能使动态性能指标满足要求。

6-7　已知一单位负反馈系统，其前向通道的传递函数为

$$G(s)=\frac{K}{s(s+1)}$$

要求设计一超前校正装置，使校正后系统的相位裕度为 45°，增益裕量不小于 8 dB，静态速度误差系数不小于 10。

【解】 设超前校正装置的传递函数为

$$G_c(s)=K_c\alpha\frac{1+Ts}{1+\alpha Ts}=K\frac{1+Ts}{1+\alpha Ts}$$

(1) 调整开环增益 K，使之满足系统对稳态速度误差系数 K_v 的要求。

$$K_v=\lim_{s\to 0}s\cdot G_c(s)G(s)=\lim_{s\to 0}s\cdot\frac{K}{s(s+1)}=K=10$$

当 $K=10$ 时，未校正系统的开环频率特性为

$$G_1(\mathrm{j}\omega)=\frac{10}{\mathrm{j}\omega(\mathrm{j}\omega+1)}$$

(2) 画出中频段未校正前的 Bode 图，如图 6.10 所示。

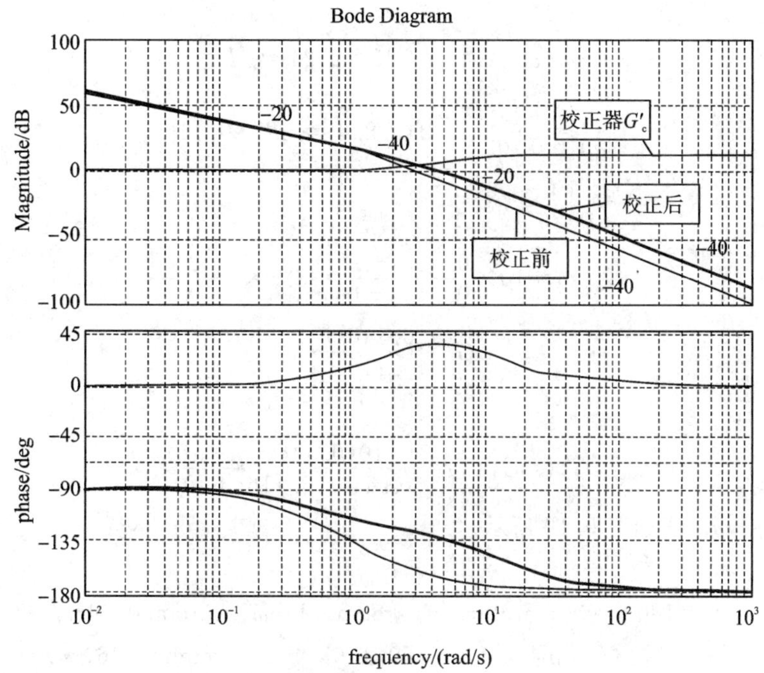

图 6.10　习题 6-7 解图

$$20\ \lg 10=20$$

$$|G_1(\mathrm{j}\omega_{c1})|=\frac{10}{\omega_{c1}\times\omega_{c1}}=1\Rightarrow\omega_{c1}=3.16$$

$$\gamma_1(\omega)=180°-90°-\arctan\omega_{c1}=90°-72.4°=17.6°$$

(3) 根据 $\varphi_m=\gamma'-\gamma_1+\varepsilon$，确定超前角为

$$\varphi_m=45°-17.6°+8.6°=36°$$

(4) 计算 α 值：

$$\alpha=\frac{1-\sin\varphi_m}{1+\sin\varphi_m}=\frac{1-\sin 36°}{1+\sin 36°}=\frac{1-0.59}{1+0.59}=0.26$$

(5) 计算校正装置在 ω_m 处的幅值：

$$10\lg\frac{1}{\alpha}=10\lg\frac{1}{0.26}=5.85$$

$$\frac{20\lg 10-(-5.85)}{\lg 1-\lg\omega_m}=-40$$

得 $40\lg\omega_m=25.85 \Rightarrow \omega_m=4.4$

取 $\omega_c'=\omega_m=4.4$。

转折频率：

$$\frac{1}{T}=\omega_c'\sqrt{\alpha}=4.4\sqrt{0.26}=2.24 \Rightarrow T=0.446$$

$$\frac{1}{\alpha T}=\frac{1}{0.26}\times 2.24=8.6 \Rightarrow \alpha T=0.116$$

(6)
$$K_c=\frac{K}{\alpha}=\frac{10}{0.26}=38.5$$

$$G_c(s)=10\times\frac{0.446s+1}{0.116s+1}=38.5\times\frac{s+2.24}{s+8.6}$$

$$G_c'=\frac{0.446s+1}{0.116s+1}$$

(7) 校正后：

$$G_c'(s)G_1(s)=\frac{10(0.446s+1)}{s(s+1)(0.116s+1)}$$

校正后的 Bode 图如图 6.10 所示。

(8) 检验：

$$\begin{aligned}\gamma&=180°-90°-\arctan\omega_c'-\arctan 0.116\omega_c'+\arctan 0.446\omega_c'\\&=90°-\arctan 4.4-\arctan 0.116\times 4.4+\arctan 0.446\times 4.4\\&=90°-77.2°-27°+63°=48.4°\geqslant 45°\end{aligned}$$

故满足要求。

由图 6.10 可知 $20\lg|G_c(j\omega)G(j\omega)|\to+\infty$，所以系统校正后满足要求。

校正前后的性能分析如下：

中频段：斜率由 −40 dB/dec →−20 dB/dec，γ 由 17.6°→48.8°，稳定性大大改善。截止频率由 3.16 变化到 4.4，表明校正后的频带变宽，调节时间 t_s 减少，响应速度变快，因此校正后系统的稳定性和快速性得到改善。

高频段：高频段的幅值增大，系统的抗干扰能力有所下降，这是此超前校正装置的不足之处。

MATLAB 程序如下：

```
num=[10];
den=[1 1 0];
bode(num, den)
```

```
hold on
numc=[0.446 1];
denc=[0.116 1];
bode(numc, denc)
hold on
num1=conv(num, numc);
den1=conv(den, denc);
bode(num1, den1)
grid on
```

6-8　已知一单位负反馈系统，其前向通道的传递函数为 $G(s)=\dfrac{4}{s(2s+1)}$，要求设计滞后校正装置，使校正后系统的相位裕量为 40°，静态速度误差不变。

【解】　(1)静态速度误差不变，画校正前的 Bode 图，如图 6.11(a)所示。

$$|G(j\omega_c)|=\frac{4}{\omega_{c1}\times 2\omega_{c1}}=1,\ \omega_{c1}=1.414$$

$$\gamma=180°+90°-\arctan 2\times 1.414=90°-70.53°=19.47°$$

(2)
$$\varphi=-180°+\gamma'+\varepsilon=-180°+40°+10°=-130°$$

求出相应的 ω'_c：

$$-130°=-90°-\arctan 2\omega'_c \Rightarrow \omega'_c=0.4$$

设 $\omega'_c=0.4$ 处幅值为 x dB，有

$$\frac{20\lg 4-x}{\lg 1-\lg 0.4}=-20\Rightarrow x=20\ \text{dB}$$

又由

$$-20\lg\beta=-20\Rightarrow\beta=10$$

取 $\omega_2=\dfrac{1}{T}=\dfrac{1}{5}\omega_c{}'=0.08$，$T=12.5$，则

$$\omega_1=\frac{1}{\beta T}=\frac{1}{10}\times 0.08=0.008,\ \beta T=125$$

(3) 校正器的传递函数为

$$G_c(s)=K_c\beta\frac{1+Ts}{1+T\beta s}=4\times\frac{1+12.5s}{1+125s}=\frac{4(12.5s+1)}{(125s+1)}$$

$$K_c\beta=K=4\ \Rightarrow\ K_c=\frac{4}{10}=0.4$$

(4) 校正后的传递函数为

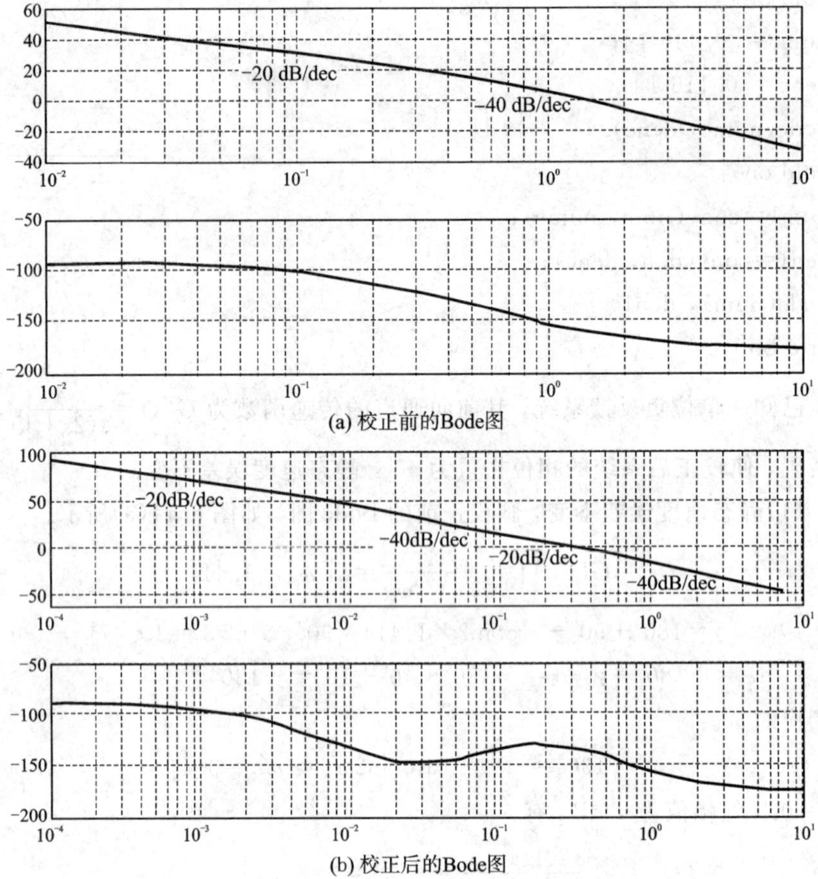

图 6.11　习题 6-8 解图

$$G_{\text{校正后}}(s)=\frac{G(s)\cdot G_c(s)}{4}=\frac{4(12.5s+1)}{s(1+2s)(1+125s)}$$

画出 $G_{\text{校正后}}(s)$的 Bode 图，如图 6.11(b)所示。

(5) 检验：

$$\begin{aligned}\gamma&=180°-90°-\arctan 2\omega_c'-\arctan 125\omega_c'+\arctan 12.5\omega_c'\\&=90°-38.66°-88.85°+78.69°=41.53°>40°\end{aligned}$$

故满足系统需求。

校正前后性能分析：

中频段：斜率由－40 变为－20，相位裕量 γ 由 19.47°变为 41.5°，说明系统的稳定性得到了提高。但是截止频率由 1.414 下降为 0.4，说明频带宽度变窄，调节时间 t_s 增大，则系统响应速度变慢，这是滞后校正的不足之处。

高频段：高频幅值衰减，说明系统抗干扰能力增强。

类同题 6－7，可以编写题 6－8 的 MATLAB 程序。

6－9　控制系统开环传递函数为

$$G(s)=\frac{10}{s(0.5s+1)(0.1s+1)}$$

（1）绘制系统 Bode 图，并求取截止频率和相位裕量。

（2）采用传递函数为 $G_c(s)=\frac{0.4s+1}{0.05s+1}$ 的串联超前校正装置，绘制校正后的系统 Bode 图，并求取截止频率和相位裕量，讨论校正后系统性能有何改进。

【解】（1）系统 Bode 图如图 6.12(a)所示。

$$L(\omega)=\begin{cases}20\lg\frac{10}{\omega}, & \omega\leqslant 2\\ 20\lg\frac{10}{\omega\times 0.5\omega}, & 2\leqslant\omega\leqslant 10\\ 20\lg\frac{10}{\omega\times 0.5\omega\times 0.1\omega}, & \omega\geqslant 10\end{cases}$$

校正前性能指标计算：

$$\frac{10}{\omega_c\times 0.5\omega_c}=1\Rightarrow\omega_c=4.47(2\leqslant\omega_c\leqslant 10)$$

$$\gamma=180°-90°-\arctan 0.5\omega_c-\arctan 0.1\omega_c\approx 0°$$

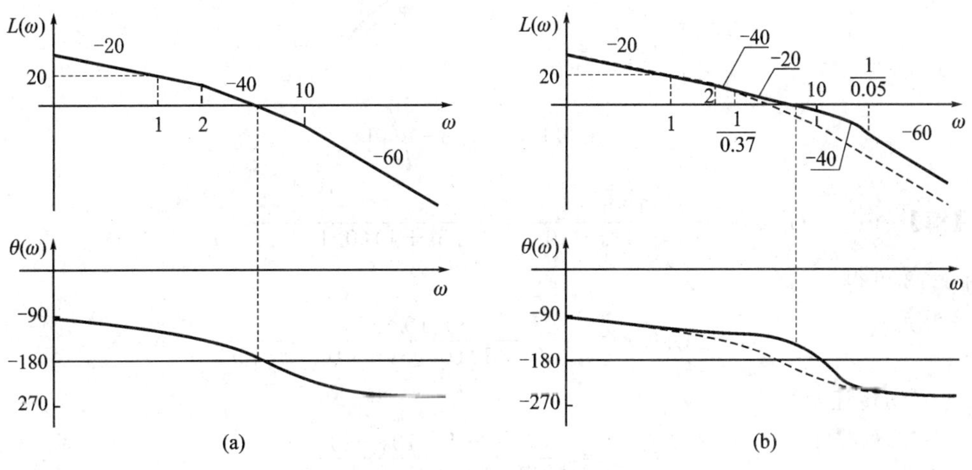

图 6.12　习题 6－9 解图

（2）校正后性能指标计算：

$$\frac{10\times 0.4\omega_c}{\omega_c\times 0.5\omega_c}=1 \Rightarrow \omega_c=8$$

$$\gamma=180^\circ-90^\circ-\arctan 0.5\omega_c-\arctan 0.1\omega_c+\arctan 0.4\omega_c-\arctan 0.05\omega_c\approx 25^\circ$$

校正后的系统 Bode 图如图 6.12(b)所示。加入超前校正网络后，在不改变系统的静态指标的前提下，系统的动态性能指标有了明显的改善，相位裕量增加，穿越频率增大，因此系统的超调量减小，调节时间缩短。

6-10 已知单位负反馈系统的对象传递函数为

$$G_0(s)=\frac{1000}{s(s+2)(s+10)}$$

其串联校正后的开环对数幅频特性渐近线如图 6.13 所示。

(1) 写出串联校正装置的传递函数，并指出是哪一类校正；

(2) 画出校正装置的开环对数幅频特性渐近线。标明其转折频率、各段渐近线斜率及高频段渐近线坐标的分贝值；

(3) 计算校正后系统的相位裕量。

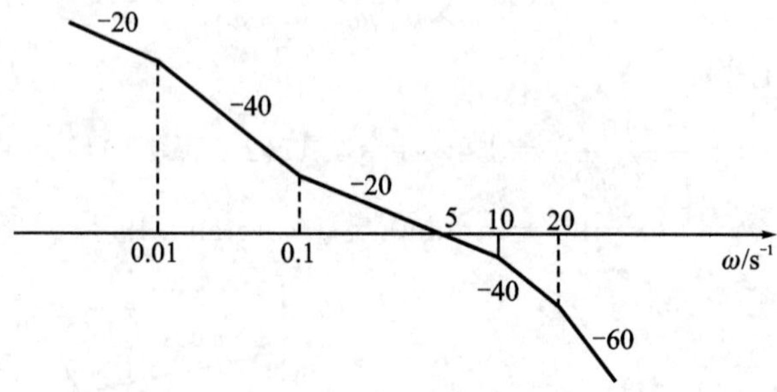

图 6.13 习题 6-10 图

【解】 (1) $G_0(s)=\dfrac{1000}{s(s+2)(s+10)}=\dfrac{50}{s(0.5s+1)(0.1s+1)}$

由图 6.13 可得

$$G_0(s)G_c(s)=\frac{50(10s+1)}{s(100s+1)(0.05s+1)(0.1s+1)}$$

则校正器的传递函数为

$$G_c(s)=\frac{(0.5s+1)(10s+1)}{(100s+1)(0.05s+1)}$$

该校正属于滞后-超前校正。

(2) 对数幅频特性渐近线如图 6.14 所示。

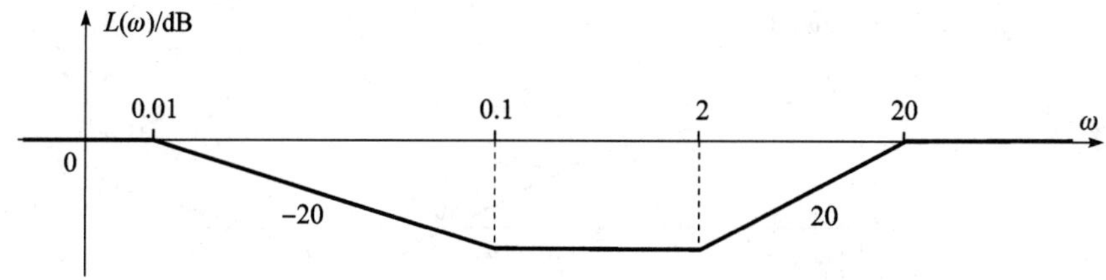

图 6.14　习题 6-10 解图

(3) 由图 6.13 可知：

$$\omega_c = 5$$

$$\gamma = 180° - 90° - \arctan 100\omega_c - \arctan 0.05\omega_c + \arctan 10\omega_c + \arctan 0.5\omega_c = 74.9°$$

6-11　设单位负反馈系统的开环传递函数为

$$G(s) = \frac{40}{s(0.2s+1)(0.0625s+1)}$$

(1) 若要求校正后系统的相角裕量为 30°，幅值裕量为 10～12 dB，试设计串联超前校正装置；

(2) 若要求校正后系统的相角裕量为 50°，幅值裕量为 30～40 dB，试设计串联滞后校正装置。

【解】

$$G(s) = \frac{40}{s(0.2s+1)(0.0625s+1)} = \frac{40}{s\left(\frac{s}{5}+1\right)\left(\frac{s}{16}+1\right)}$$

(1) 未校正系统的对数幅频特性曲线如图 6.15(a)所示，校正前有

$$\omega_c = \sqrt{5 \times 40} = 14.14$$

$$\gamma = 90° - \arctan\frac{\omega_c}{5} - \arctan\frac{\omega_c}{16} = -22°$$

$$\varphi_m = \gamma' - \gamma + 10° = 30° - (-22°) + 10° = 62°$$

超前校正后截止频率 $\omega_c' > 14.14$，而原系统在 $\omega_c = 16$ 之后相角下降很快，用一级超前网络无法满足要求。

(2) 设计滞后校正装置。

$\gamma = \gamma' + 5° = 55°$，经试算在 $\omega = 2.4$ 处有 $\gamma(2.4) = 55.83°$。因此，取 $\omega_c' = 2.4$，此时

$$|G(\omega_c')| = 20\left(\lg\frac{40}{2.4}\right) = 24.436 \text{ dB}$$

在 $\omega_c' = 2.4$ 以下 24.436 dB 处画水平线，左延 10 dec 到 $\omega = 0.24$ 处，作斜率为 -20 dB/dec的线交 0 dB 线于点 E，$\omega_E = \frac{0.24}{16} = 0.015$，如图 6.15(b)所示。

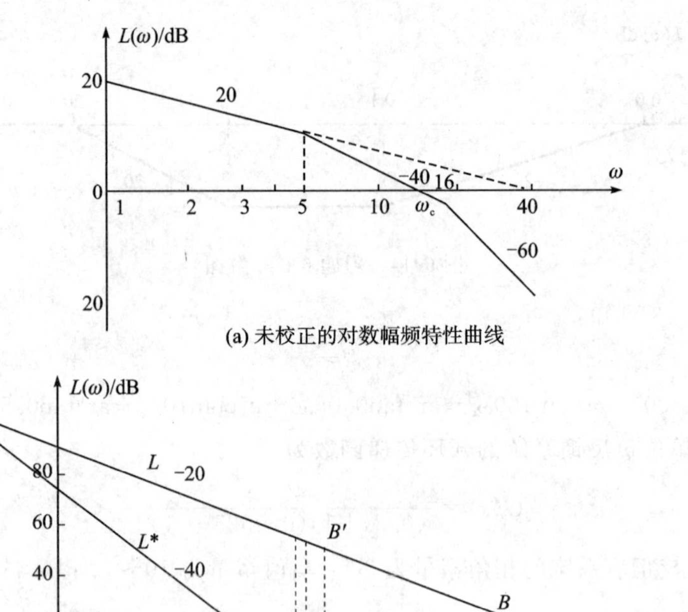

(a) 未校正的对数幅频特性曲线

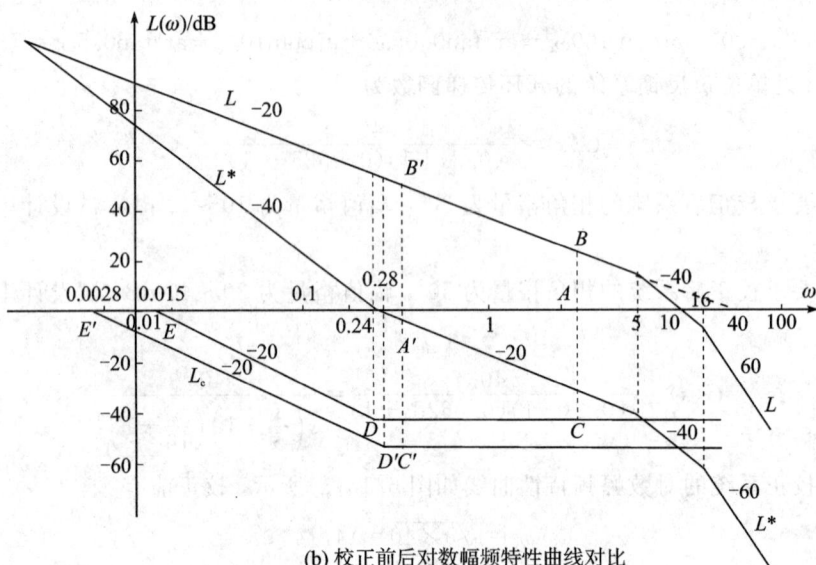

(b) 校正前后对数幅频特性曲线对比

图 6.15　习题 6-11 解图

因此，可以得出滞后校正装置传递函数为

$$G_c(s)=\frac{\dfrac{s}{0.24}+1}{\dfrac{s}{0.015}+1}$$

校正后系统的传递函数为

$$G_c(s)G(s)=\frac{40\left(\dfrac{s}{0.24}+1\right)}{s\left(\dfrac{s}{5}+1\right)\left(\dfrac{s}{16}+1\right)\left(\dfrac{s}{0.015}+1\right)}$$

$$\gamma'=90°+\arctan\frac{2.4}{0.24}-\arctan\frac{2.4}{5}-\arctan\frac{2.4}{16}-\arctan\frac{2.4}{0.015}$$
$$=90°+84.29°-25.64°-8.53°-89.642°$$
$$=50.48°\approx 50°$$

试算 $\omega_g{}'=8.6$，由图 6.15(b)可得

$$20\lg K_g=20\lg|G_c(\omega_g{}')G(\omega_g{}')|=-20\lg\frac{40\times 35.8}{8.6\times 1.99\times 1.29\times 573.33}$$
$$=18.9\ \text{dB}<30\ \text{dB}$$

幅值裕量不满足要求。为增加幅值裕量，应将高频段压低。重新设计，使滞后环节高频段幅值衰减 40 dB($\omega_g\approx 8.9$)。对应 $20\lg|G(\omega_c'')|=40$ dB 处的 ω_c'' 为

$$\frac{L(\omega_c'')}{\lg 40-\lg\omega_c''}=\frac{40}{\lg\dfrac{40}{\omega_c''}}=20\Rightarrow\omega_c''=0.4$$

$$\gamma(0.4)=90°-\arctan\frac{0.4}{5}-\arctan\frac{0.4}{16}=84°$$

在 $0.7\omega_c''=0.24$ 处有 $\varphi\approx-34°$，则 $\gamma=84°-34°=50°$。

作斜率为 −20 dB/dec 的线交 0 dB 线于点 E'，$\omega_E=0.0028$，得出滞后校正装置传递函数为

$$G_c(s)=\frac{\dfrac{s}{0.28}+1}{\dfrac{s}{0.0028}+1}$$

在 $\omega_c''=0.4$ 处有

$$\begin{cases}\gamma_c=\arctan\dfrac{0.4}{0.28}-\arctan\dfrac{0.4}{0.0028}=-34.59°\\ L_c=20\lg|G_c|=20\lg\dfrac{1.744}{142.86}=-38.27\ \text{dB}\end{cases}$$

则

$$G(s)G_c(s)=\frac{40}{s\left(\dfrac{s}{5}+1\right)\left(\dfrac{s}{16}+1\right)}\frac{\dfrac{s}{0.28}+1}{\dfrac{s}{0.0028}+1}$$

验算 $\omega_g''=8.6$，可得

$$20\lg K_g=-20\lg|G_cG(\omega_g'')|=-20\left|\frac{40\times 30.73}{8.6\times 1.99\times 1.1353\times 3071.5}\right|=33.7\ \text{dB}$$

$$\gamma=180°-\angle G_cG(0.4)$$

$$=180°-90°+\arctan\frac{0.4}{0.28}-\arctan\frac{0.4}{5}-\arctan\frac{0.4}{16}-\arctan\frac{0.4}{0.0028}$$
$$=90°+55°-4.57°-1.432°-89.6°$$
$$\approx 50°$$

幅值裕量和相角裕量均满足要求，因此，确定校正装置的传递函数为

$$G_c(s)=\frac{\dfrac{s}{0.28}+1}{\dfrac{s}{0.0028}+1}=\frac{3.57s+1}{357s+1}$$

6-12 为满足稳态性能指标的要求，一个单位负反馈伺服系统的开环传递函数为

$$G_0(s)=\frac{200}{s(0.1s+1)}$$

试设计一个校正装置，使已校正系统的相位裕量 $\gamma\geqslant 45°$，穿越频率 $\omega_c\geqslant 50$ rad/s。

【解】 (1) 绘制原系统 Bode 图，如图 6.16 所示，校验原系统性能。

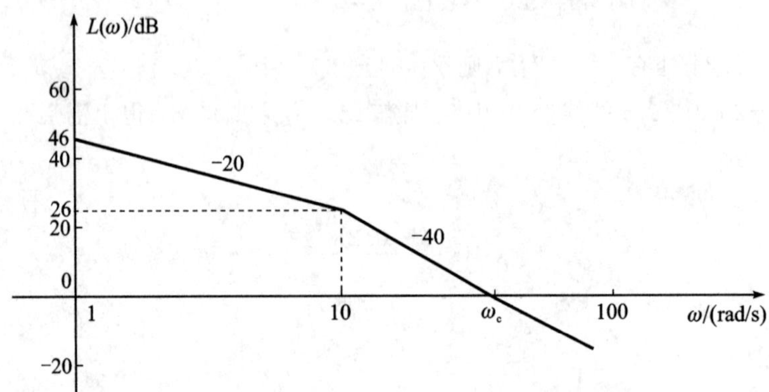

图 6.16 习题 6-12 校正前的 Bode 图

系统的开环频率特性为

$$G_0(j\omega)=\frac{200}{j\omega(0.1j\omega+1)}$$

在低频段，当 $\omega=1$ 时，20lg200=46 dB，斜率为 −20 dB/dec。

转折频率为 $\omega=10$，转折频率后斜率增加 −20 dB/dec。

当 $\omega=1$ 时，$L(1)=46$ dB，可以推算，当 $\omega=10$ 时，$L(10)=26$ dB。通过斜边为 −40 的直角三角形可以计算 ω_c：

$$40\lg\frac{\omega_c}{10}=26 \Rightarrow \omega_c=44.67$$

原系统 Bode 图以 −40 dB/dec 的斜率穿越 0 dB 线，故相角欲量不满足要求(可以不用再计

算）。

（2）配置超前校正装置。

由于题意对穿越频率有要求，故采用作图法设计校正装置。首先，在 $\omega'_c=60$ 的位置作 -20 dB/dec 幅频特性直线穿越 0 dB 线，交原系统 Bode 图于 ω_1（如图 6.17 所示）。

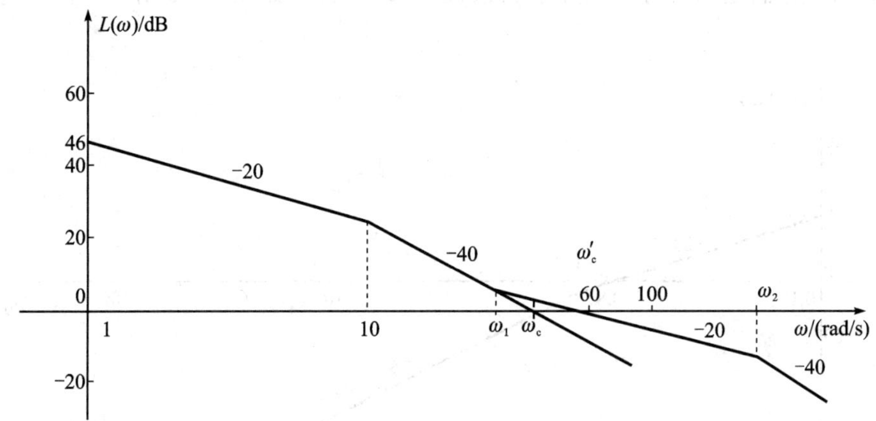

图 6.17 习题 6-12 超前校正后的 Bode 图

通过斜边为 -40 的直角三角形和斜边为 -20 的直角三角形计算 ω_1（也可以通过作图法得到 ω_1 的值），得到方程：

$$40(\lg\omega_c-\lg\omega_1)=20(\lg\omega'_c-\lg\omega_1)$$

即

$$40\lg\left(\frac{44.67}{\omega_1}\right)=20\lg\left(\frac{60}{\omega_1}\right)$$

$$\Rightarrow\quad\left(\frac{44.67}{\omega_1}\right)^2=\frac{60}{\omega_1}\Rightarrow\omega_1=33.26$$

设超前校正装置传递函数为

$$G_c(s)=\frac{T_1s+1}{T_2s+1}=\frac{\dfrac{1}{\omega_1}s+1}{\dfrac{1}{\omega_2}s+1}$$

已求得 $\omega_1=33.26$，即 $T_1=0.03$，用试探方法设 $\omega_2=130$，即 $T_2=0.0077$，根据新的穿越频率 $\omega'_c=60$，计算系统的相角裕量：

$\gamma=180°-90°-\arctan(0.1\times60)-\arctan(0.0077\times60)+\arctan(0.03\times60)=45.6°$

满足要求。

6-13 单位负反馈控制系统的开环传递函数为

$$G_0(s)=\frac{K}{s(s+1)(0.01s+1)}$$

若要求单位斜坡输入 $r(t)=t$ 时，稳态误差 $e_{ss}\leqslant 0.06$，相角裕量 $\gamma\geqslant 45°$，试设计串联滞后校正装置。

【解】 (1)先满足动态性能，并绘制系统的 Bode 图，如图 6.18 所示，校算稳态系统性能。

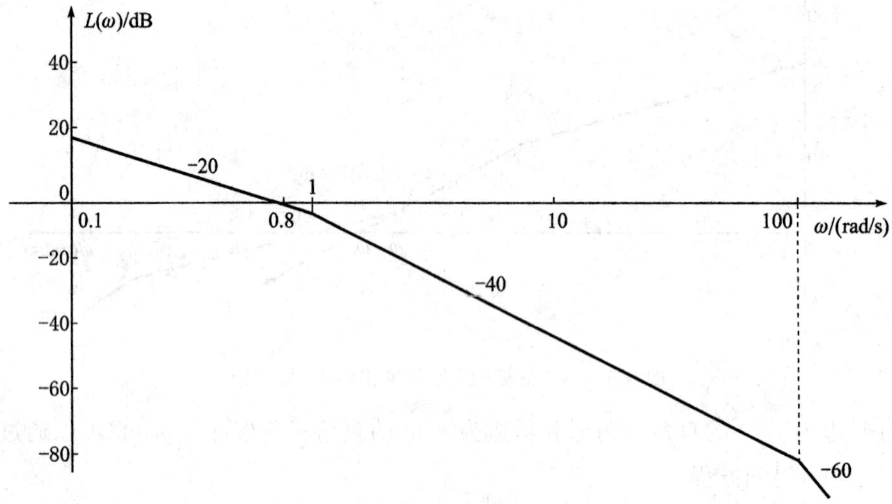

图 6.18 习题 6-13 校正前的 Bode 图

转折频率 $\omega_1=1$，转折频率后斜率增加 -20 dB/dec，为 -40 dB/dec

转折频率 $\omega_2=\dfrac{1}{0.01}=100$，转折频率后斜率增加 -20 dB/dec，为 -60 dB/dec。

为使系统有足够的相角裕量，$\gamma\geqslant 45°$，必须使 Bode 图以 -20 dB/dec 穿越 0dB 线。设穿越频率 $\omega_c=0.8$，系统相角裕量为

$$\gamma=180°-90°-\arctan(1\times 0.8)-\arctan(0.01\times 0.8)=50.88°$$

当 $\omega_c=0.8$ 时，幅频特性为零(对应 lg1)，故有

$$20\lg\frac{K}{\omega_c}=20\lg\left(\frac{K}{0.8}\right)=1\Rightarrow K=0.8$$

满足稳态误差 $e_{ss}\leqslant 0.06$，则 $K\geqslant\dfrac{1}{0.06}=16.67$。

(2) 配置串联滞后校正装置。

设串联滞后校正装置传递函数为

$$G_c(s)=K\frac{\alpha Ts+1}{Ts+1}$$

其中 $\alpha<1$，令 $K=\frac{1}{\alpha}$，则

$$K=\frac{16.67}{0.8}=20.84,\quad \alpha=\frac{1}{20.84}=0.048$$

取 $\frac{1}{\alpha T}=\frac{\omega_c}{10}=0.08$，则

$$T=\frac{1}{0.08\alpha}=260.4$$

$$G_c(s)=20.8\times\frac{12.5s+1}{260.4s+1}=\frac{s+0.08}{s+0.00384}$$

校正后的系统相角裕量为

$$\gamma=180°-90°-\arctan0.8-\arctan(0.01\times0.8)-\arctan(260.4\times0.9)+\arctan(12.5\times0.9)=45.44°$$

满足要求。

6-14　图 6.19 所示为一采用 PD 串联校正的控制系统。

(1) 当 $K_p=10$，$K_d=1$ 时，求相位裕量 γ；

(2) 若要求该系统剪切频率 $\omega_c=5$，相位裕量 $\gamma=50°$，求 K_p、K_d 的值。

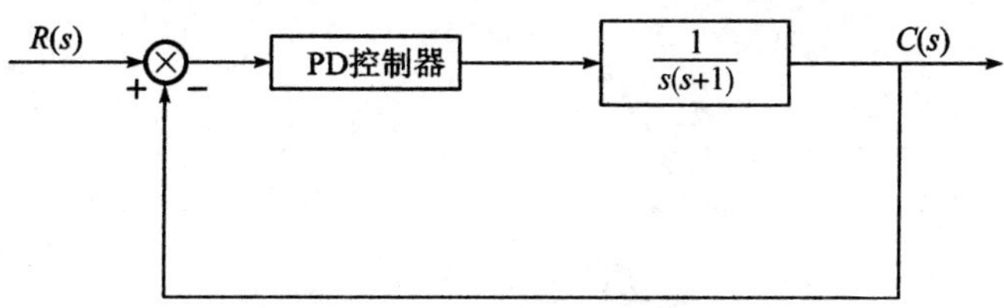

图 6.19　习题 6-14 图

【解】 (1) 系统的开环传递函数为

$$G(s)=\frac{K_p+K_d s}{s(s+1)}$$

当 $K_p=10$，$K_d=1$ 时，有

$$G(s)=\frac{10(1+0.1s)}{s(s+1)}$$

开环对数幅频特性为

$$L(\omega)=20\lg10+20\lg\sqrt{1+0.01\omega^2}-20\lg\omega-20\lg\sqrt{1+\omega^2}$$

当 $\omega=0.1$ 时，$L(\omega)=20\lg10-20\lg\omega=40$ dB。

当 $\omega=1$ 时，$L(\omega)=20\lg10-20\lg\omega=20$ dB。

剪切频率 ω_c 为

$$L(\omega)=20\lg10-20\lg\omega-20\lg\omega=0\ \text{dB} \Rightarrow \omega_c=\sqrt{10}$$

相位裕量 γ 为

$$\gamma=180^\circ+\varphi(\omega)=180^\circ-90^\circ+\arctan\frac{1}{0.1}\omega_c-\arctan\omega_c=35.1^\circ$$

(2) 系统的开环传递函数为

$$G(s)=\frac{K_p+K_d s}{s(s+1)}=\frac{K_p\left(1+\dfrac{K_d s}{K_p}\right)}{s(s+1)}$$

相位裕量为

$$\gamma=180^\circ+\varphi(\omega)=180^\circ-90^\circ+\arctan\frac{K_d}{K_p}\omega_c-\arctan\omega_c=50^\circ$$

当 $\omega_c=5$ 时，可以得到

$$L(5)=20\lg K_p-20\lg5-20\lg5=0$$

$$\frac{K_d}{K_p}=0.16$$

最后解得 $K_p=25$，$K_d=4$。

第七章　线性离散控制系统

一、知识点网络图

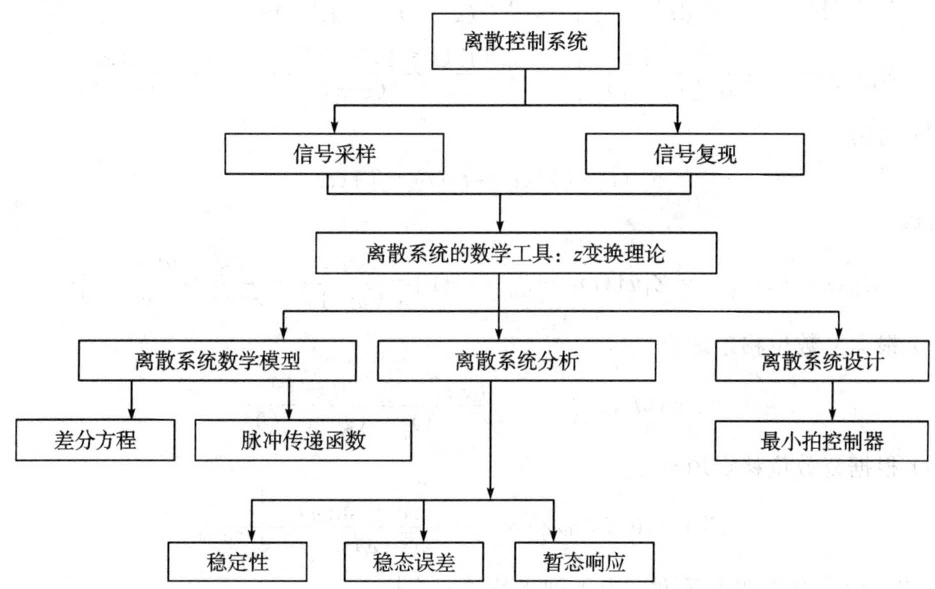

二、学习目的

（1）理解离散系统 z 变换、离散系统数学模型求取、离散系统的稳定性、稳态误差和动态性能分析。

（2）掌握闭环脉冲传递函数求取、离散系统的稳定性分析和最小拍系统设计。

习题与解答

7－1　已知下列时间函数 $f(t)$，设采样周期为 T 秒，求它们的 z 变换 $F(z)$。

（1）$f(t)=t^2$；

（2）$f(t)=t-T$；

(3) $c(t)=t\mathrm{e}^{-at}$；

(4) $c(t)=\mathrm{e}^{-at}\sin\omega t$。

【解】

(1) 根据 z 变换微分定理有

$$Z[1(t)]=\frac{z}{z-1}$$

$$Z[t1(t)]=-Tz\frac{\mathrm{d}}{\mathrm{d}z}\left[\frac{z}{z-1}\right]=-Tz\frac{z-1-z}{(z-1)^2}=\frac{Tz}{(z-1)^2}$$

$$Z[t^2]=-Tz\frac{\mathrm{d}}{\mathrm{d}z}\left[\frac{Tz}{(z-1)^2}\right]=-Tz\frac{T\ (z-1)^2-2Tz(z-1)}{(z-1)^4}=\frac{T^2z(z+1)}{(z-1)^3}$$

(2) 因为

$$(t-T)1(t)=t1(t)-T1(t)$$

所以

$$Z[(t-T)1(t)]=Z[t1(t)]-Z[T1(t)]=\frac{Tz}{(z-1)^2}-\frac{Tz}{z-1}=\frac{Tz(2-z)}{(z-1)^2}$$

(3) 根据复数位移定理有

$$Z[1(t)t\mathrm{e}^{-at}]=\frac{Tz\mathrm{e}^{aT}}{(z\mathrm{e}^{aT}-1)^2}=\frac{Tz\mathrm{e}^{-aT}}{(z-\mathrm{e}^{-aT})^2}$$

(4) 根据复数位移定理有

$$Z[1(t)\mathrm{e}^{-at}\sin\omega t]=\frac{z\mathrm{e}^{-aT}\sin\omega T}{z^2-2z\cos\omega T\mathrm{e}^{-aT}+\mathrm{e}^{-2aT}}$$

7-2 设采样周期为 T 秒，求下列函数的 z 变换。

(1) $C(s)=\dfrac{a}{s(s+a)}$；

(2) $C(s)=\dfrac{1}{s^2+a^2}$；

(3) $C(s)=\dfrac{1}{(s+2)(s+3)(s+4)}$；

(4) $C(s)=\dfrac{a}{s^2(s+a)}$。

【解】

(1) $$Z\left[\frac{a}{s(s+a)}\right]=Z\left[\frac{1}{s}-\frac{1}{s+a}\right]=Z[1(t)-\mathrm{e}^{-at}1(t)]=\frac{z}{z-1}-\frac{z}{z-\mathrm{e}^{-aT}}$$

$$=\frac{z(1-\mathrm{e}^{-aT})}{(z-1)(z-\mathrm{e}^{-aT})}$$

(2) $Z\left[\frac{1}{s^2+a^2}\right]=Z\left[\frac{1}{a}\cdot\frac{a}{s^2+a^2}\right]=\frac{1}{a}\cdot\frac{z\sin aT}{z^2-2z\cos aT+1}$

(3) $Z\left[\frac{1}{(s+2)(s+3)(s+4)}\right]=Z\left[\frac{1/2}{s+2}-\frac{1}{s+3}+\frac{1/2}{s+4}\right]=\frac{1/2z}{z-\mathrm{e}^{-2T}}-\frac{z}{z-\mathrm{e}^{-3T}}+\frac{1/2z}{z-\mathrm{e}^{-4T}}$

(4) $Z\left[\frac{a}{s^2(s+a)}\right]=Z\left[\frac{1}{s^2}-\frac{1}{as}+\frac{1}{a(s+a)}\right]=Z\left[t-\frac{1}{a}1(t)+\frac{1}{a}\mathrm{e}^{-at}1(t)\right]$

$$=\frac{Tz}{(z-1)^2}-\frac{z}{a(z-1)}+\frac{z}{a(z-\mathrm{e}^{-aT})}=\frac{Tz}{(z-1)^2}-\frac{z(1-\mathrm{e}^{-aT})}{a(z-1)(z-\mathrm{e}^{-aT})}$$

$$=\frac{(aT-1+\mathrm{e}^{-aT})z^2+z(1-\mathrm{e}^{-aT}-aT\mathrm{e}^{-aT})}{a(z-1)^2(z-\mathrm{e}^{-aT})}$$

7-3　求下列函数的 z 反变换（$T=1$ s）。

(1) $\frac{z}{z+a}$;

(2) $\frac{z}{(z-\mathrm{e}^{-T})(z-\mathrm{e}^{-2T})}$;

(3) $\frac{z}{(z-2)(z-1)^2}$;

(4) $\frac{z^2}{(z+1)(z+2)^2}$。

【解】

(1)
$$Z^{-1}\left[\frac{z}{z+a}\right]=Z^{-1}\left[\frac{z}{z-(-a)}\right]=(-a)^t$$

(2) $Z^{-1}\left[\frac{z}{(z-\mathrm{e}^{-T})(z-\mathrm{e}^{-2T})}\right]=Z^{-1}\left[\frac{1}{\mathrm{e}^{-T}-\mathrm{e}^{-2T}}\frac{z}{z-\mathrm{e}^{-T}}-\frac{1}{\mathrm{e}^{-2T}-\mathrm{e}^{-T}}\frac{z}{z-\mathrm{e}^{-2T}}\right]$

$$=\sum_{k=0}^{\infty}\frac{1}{\mathrm{e}^{-T}-\mathrm{e}^{-2T}}(\mathrm{e}^{-kT}-\mathrm{e}^{-2kT})\delta(t-kT)$$

(3)
$$Z^{-1}\left[\frac{z}{(z-2)(z-1)^2}\right]=Z^{-1}\left[\frac{z}{z-2}-\frac{z}{(z-1)^2}-\frac{z}{z-1}\right]=2^t-t-1(t)$$

(4)
$$Z^{-1}\left[\frac{z^2}{(z+1)(z+2)^2}\right]=Z^{-1}\left[\frac{2z}{(z+2)^2}+\frac{z}{z+2}+\frac{-z}{z+1}\right]$$

根据微分定理有 $-z\frac{\mathrm{d}}{\mathrm{d}z}\left(\frac{z}{z+2}\right)=-\frac{2z}{(z+2)^2}$，所以有

$$Z^{-1}\left[\frac{2z}{(z+2)^2}\right]=-Z^{-1}\left[-z\frac{\mathrm{d}}{\mathrm{d}z}\left(\frac{z}{z+2}\right)\right]=-k(-2)^k\delta(t-kT)$$

得到

$$Z^{-1}\left[\frac{z^2}{(z+1)(z+2)^2}\right]=Z^{-1}\left[\frac{2z}{(z+2)^2}+\frac{z}{z+2}+\frac{-z}{z+1}\right]$$

$$= \sum_{k=0}^{\infty} [(-1)^{k+1} + (-2)^k (1-k)] \delta(t-kT)$$

7-4 用两种不同方法求离散信号 $c(kT)$。

(1) $C(z)=\dfrac{10z}{(z+2)(z+1)}$；

(2) $C(z)=\dfrac{-3+z^{-1}}{1-2z^{-1}+z^{-2}}$；

(3) $C(z)=\dfrac{z}{(z-1)(z+0.5)^2}$。

【解】

(1) 方法一：部分分式法

$$f(kT)=Z^{-1}\left[\frac{10z}{(z+2)(z+1)}\right]=Z^{-1}\left[\frac{10z}{z+1}-\frac{10z}{z+2}\right]=10[(-1)^{kT}-(-2)^{kT}]$$

方法二：留数法

$$\begin{aligned} f(kT) &= \sum \mathrm{Res}\left[\frac{10z}{(z+1)(z+2)}z^{k-1}\right] = \sum \mathrm{Res}\left[\frac{10z^k}{(z+1)(z+2)}\right] \\ &= \frac{10z^k}{(z+1)(z+2)}(z+1)\bigg|_{z=-1} + \frac{10z^k}{(z+1)(z+2)}(z+2)\bigg|_{z=-2} \\ &= 10\,(-1)^k - 10\times(-2)^k \end{aligned}$$

(2)

$$C(z)=\frac{-3+z^{-1}}{1-2z^{-1}+z^{-2}}=\frac{-3z^2+z}{z^2-2z+1}=\frac{-3z^2+z}{(z-1)^2}$$

方法一：部分分式法

$$f(kT)=Z^{-1}\left[\frac{-3z^2+z}{(z-1)^2}\right]=Z^{-1}\left[\frac{-2z}{(z-1)^2}+\frac{-3z}{z-1}\right]=-3-2kT$$

方法二：幂级数法

$$f(kT)=\frac{-3z^2+z}{(z-1)^2}=\frac{-3+z^{-1}}{1-2z^{-1}+z^{-2}}=-3z^0-5z^{-1}-7z^{-2}-9z^{-3}+\cdots$$

方法三：留数法

$$\begin{aligned} f(kT) &= \mathrm{Res}\left[\frac{-3z^2+z}{(z-1)^2}z^{k-1}\right]\bigg|_{z=1} \\ &= \frac{\mathrm{d}}{\mathrm{d}z}\left[(z-1)^2\,\frac{-3z^2+z}{(z-1)^2}z^{k-1}\right]\bigg|_{z=1} \\ &= [-3(k+1)z^k+kz^{k-1}]\big|_{z=1}=-3-2k \end{aligned}$$

(3) 方法一：部分分式法

$$f(kT)=Z^{-1}\left[\frac{z}{(z-1)(z+0.5)^2}\right]=Z^{-1}\left[\frac{4}{9}\frac{z}{z-1}-\frac{4}{9}\frac{z}{z+0.5}-\frac{2}{3}\frac{z}{(z+0.5)^2}\right]$$

$$=\frac{4}{9}-\frac{4}{9}\left(-\frac{1}{2}\right)^k-\frac{2k}{3}\left(-\frac{1}{2}\right)^{k-1}$$

方法二：幂级数法

$$f(kT)=\frac{z}{(z-1)(z+0.5)^2}=\frac{z^{-2}}{1-0.75z^{-2}-0.25z^{-3}}=z^{-2}+0.75z^{-4}+0.25z^{-5}+\cdots$$

方法三：留数法

$$f(kT)=\mathrm{Res}\left[\frac{z}{(z-1)(z+0.5)^2}\right]\bigg|_{z=1}+\mathrm{Res}\left[\frac{z}{(z-1)(z+0.5)^2}\right]\bigg|_{z=-0.5}$$

$$=\left[(z-1)\frac{z}{(z-1)(z+0.5)^2}z^{k-1}\right]\bigg|_{z=1}+\frac{\mathrm{d}}{\mathrm{d}z}\left[(z+0.5)^2\frac{z}{(z-1)(z+0.5)^2}z^{k-1}\right]\bigg|_{z=-0.5}$$

$$=\frac{4}{9}+\left[\frac{kz^{k-1}}{z-1}-\frac{z^k}{(z-1)^2}\right]\bigg|_{z=-0.5}$$

$$=\frac{4}{9}-\frac{4}{9}\left(-\frac{1}{2}\right)^k-\frac{2k}{3}\left(-\frac{1}{2}\right)^{k-1}$$

7-5　已知：$C(z)=\dfrac{2z^2+z-0.5}{z^3-z^2+0.5z-1.5}$，求 $c(kT)(k=1,2,\cdots,6)$。

【解】

$$\begin{array}{r|l}
 & 2z^{-1}+3z^{-2}+1.5z^{-3}+3z^{-4}+6.75z^{-5}+7.5z^{-6} \\ \hline
z^3-z^2+0.5z-1.5 & 2z^2+z-0.5 \\
 & 2z^2-2z+1-3z^{-1} \\ \hline
 & 3z-1.5+3z^{-1}+0z^{-2} \\
 & 3z-3+1.5z^{-1}-4.5z^{-2} \\ \hline
 & 1.5+1.5z^{-1}+4.5z^{-2}+0z^{-3} \\
 & 1.5-1.5z^{-1}+0.75z^{-2}-2.25z^{-3} \\ \hline
 & 3z^{-1}+3.75z^{-2}+2.25z^{-3}+0z^{-4} \\
 & 3z^{-1}-3z^{-2}+1.5z^{-3}-4.5z^{-4} \\ \hline
 & 6.75z^{-2}+0.75z^{-3}+4.5z^{-4}+0z^{-5} \\
 & 6.75z^{-2}-6.75z^{-3}+3.375z^{-4}+10.125z^{-5} \\ \hline
 & 7.5z^{-3}+1.125z^{-4}-10.125z^{-5}+0z^{-6} \\
 & 7.5z^{-3}-7.5z^{-4}+3.75z^{-5}-11.25z^{-6} \\ \hline
 & 8.625z^{-4}-13.875z^{-5}+11.25z^{-6}
\end{array}$$

所以

$$c(kT)=2\delta(t-T)+3\delta(t-2T)+1.5\delta(t-3T)+3\delta(t-4T)$$
$$+6.75\delta(t-5T)+7.5\delta(t-6T)+\cdots$$

7-6 已知某采样系统为零初始状态，其差分方程为

$$c(k+2)+3c(k+1)+2c(k)=r(k+1)-r(k)$$

试求该系统的脉冲传递函数和脉冲响应。

【解】

$$z^2C(z)+3zC(z)+2C(z)=zR(z)-R(z)$$
$$(z^2+3z+2)C(z)=(z-1)R(z)$$
$$\frac{C(z)}{R(z)}=\frac{z-1}{(z+2)(z+1)}$$

所以脉冲传递函数为

$$G(z)=\frac{z-1}{z^2+3z+2}$$

$$\begin{array}{r}
z^{-1}-4z^{-2}+10z^{-3}-22z^{-4}+46z^{-5}+\cdots \\
z^2+3z+2\,\overline{)\,z-1+0z^{-1}} \\
z+3+2z^{-1} \\
\hline
-4-2z^{-1}+0z^{-2} \\
-4-12z^{-1}-8z^{-2} \\
\hline
10z^{-1}+8z^{-2}+0z^{-3} \\
10z^{-1}+30z^{-2}+20z^{-3} \\
\hline
-22z^{-2}-20z^{-3}+0z^{-4} \\
-22z^{-2}-66z^{-3}-44z^{-4} \\
\hline
46z^{-3}+44z^{-4}+0z^{-5}
\end{array}$$

$$c(kT)=\delta(t-T)-4\delta(t-2T)+10\delta(t-3T)-22\delta(t-4T)$$
$$+46\delta(t-5T)+\cdots$$

7-7 用终值定理确定下列函数的终值。

(1) $E(z)=\dfrac{Tz^{-1}}{(1-z^{-1})^2}$；

(2) $E(z)=\dfrac{z^2}{(z-0.8)(z-0.1)}$。

【解】

(1) $E(z)$在单位圆外和单位圆上除(1，0)点外没有极点，故可以应用终值定理，有

$$e^*(\infty)=\lim_{z\to1}(z-1)E(z)=\lim_{z\to1}(z-1)\frac{Tz^{-1}}{(1-z^{-1})^2}$$
$$=\lim_{z\to1}\frac{Tz}{z-1}=\infty$$

(2) $E(z)$在单位圆外和单位圆上没有极点，故可以应用终值定理，有

$$e^*(\infty)=\lim_{z\to1}(z-1)E(z)=\lim_{z\to1}(z-1)\frac{z^2}{(z-0.8)(z-0.1)}=0$$

7-8　判断下列特征方程的根是否在单位圆内。

(1) $D(z)=z^4+0.2z^3+z^2+0.36z+0.8=0$；

(2) $D(z)=z^3-0.2z^2-0.25z+0.05=0$。

【解】　(1) 方法一：令 $z=\frac{\omega+1}{\omega-1}$，将其带入 $D(z)$，整理后可得

$$21\omega^4+3\omega^3+55\omega^2+7\omega+14=0$$

列劳斯表，有

ω^4	21	55	14
ω^3	3	7	
ω^2	6	14	
ω^1	0(ε)		
ω^0	14		

故系统临界稳定，特征方程的根在单位圆上。

方法二：构造5行5列的朱利表，有

	z^0	z^1	z^2	z^3	z^4
1	0.8	0.36	1	0.2	1
2	1	0.2	1	0.36	0.8
3	−0.36	0.088	−0.2	−0.2	
4	−0.2	−0.2	0.088	−0.36	
5	0.0896	−0.072	0.0896		

$D(1)\geqslant0$，$D(-1)\geqslant0$，$|a_4|=0.8<a_0=1$，$|b_3|=0.36>b_0=-0.2$，但$|q_2|=q_0=0.0896$，故系统临界稳定，特征方程的根在单位圆上。

(2) $z=\frac{\omega+1}{\omega-1}$，用$\omega$代替$z$代入方程可得

$$\left(\frac{\omega+1}{\omega-1}\right)^3+0.2\left(\frac{\omega+1}{\omega-1}\right)^2-0.25\left(\frac{\omega+1}{\omega-1}\right)+0.05=0$$

$$(\omega+1)^3-0.2(\omega+1)^2(\omega-1)-0.25(\omega+1)(\omega-1)^2+0.05(\omega-1)^3=0$$

两边同乘 100，有

$$100(\omega+1)^3-20(\omega+1)^2(\omega-1)-25(\omega+1)(\omega-1)^2+5(\omega-1)^3=0$$

$$60\omega^3+290\omega^2+360\omega+90=0$$

列劳斯表，有

ω^3	60	360
ω^2	290	90
ω^1	341.4	
ω^0	90	

由于不存在处于 ω 右半平面的根，故 $D(z)=z^3-0.2z^2-0.25z+0.05=0$ 的根均在单位圆内。

7-9 已知离散控制系统的框图如图 7.1 所示，采样周期 $T=0.5$ s，$k=0.2$。

(1) 求系统的开环脉冲传递函数；

(2) 求系统的单位阶跃响应；

(3) 试求静态误差系数 K_p、K_v、K_a；

(4) 求 $r(t)=2+0.01t$ 时的稳态误差。

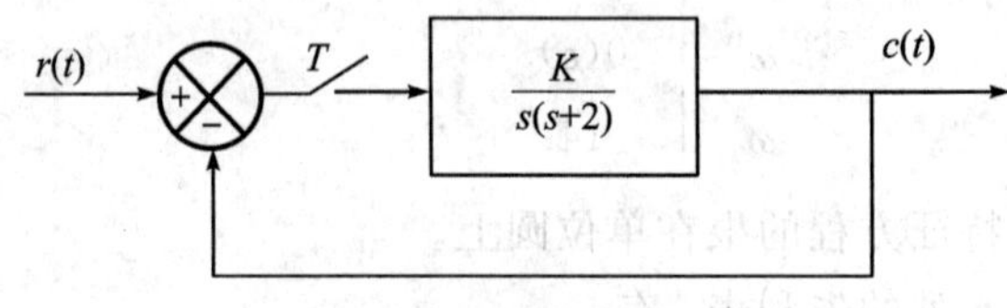

图 7.1 习题 7-9 图

【解】

(1) 开环脉冲传递函数为

$$G(z)=\frac{0.0632z}{(z-1)(z-0.368)}$$

(2) 系统的闭环脉冲函数为

$$G(z)=\frac{0.0632z}{z^2-1.3048z+0.368}$$

单位阶跃响应为

$$C(z)=\frac{0.0632z}{z^2-1.3048z+0.368}\times\frac{z}{z-1}=\frac{0.0632z^2}{z^3-2.3048z^2+1.6728z-0.368}$$

$$
\begin{array}{r|l}
 & 0.0632z^{-1}+0.1457z^{-2} \\
\hline
z^{3}-2.3048z^{2}+1.6728z-0.368 & 0.0632z^{2} \\
 & 0.0632z^{2}-0.1457z+0.1057-0.0233z^{-1} \\
\hline
 & 0.1457z-0.1057+0.0233z^{-1} \\
 & 0.1457z-0.3358+0.2437z^{-1}-0.0536z^{-2} \\
\hline
 & 0.2301-0.2204z^{-1}+0.0536z^{-2}
\end{array}
$$

$$
\begin{array}{r|l}
 & 0.2301z^{-3}+0.3099z^{-4}+0.3830z^{-5} \\
\hline
z^{3}-2.3048z^{2}+1.6728z-0.368 & 0.2301-0.2204z^{-1}+0.0536z^{-2} \\
 & 0.2301-0.5303z^{-1}+0.3849z^{-2}-0.0847z^{-3} \\
\hline
 & 0.3099z^{-1}-0.3313z^{-2}+0.0847z^{-3} \\
 & 0.3099z^{-1}-0.7143z^{-2}+0.5184z^{-3}-0.1140z^{-4} \\
\hline
 & 0.3830z^{-2}-0.4337z^{-3}+0.1140z^{-4}
\end{array}
$$

$$
\begin{aligned}
c^{*}(t)=&0.0632\delta(t-T)+0.1457\delta(t-2T)+0.2301\delta(t-3T)+0.3099\delta(t-4T)\\
&+0.3830\delta(t-5T)+\cdots
\end{aligned}
$$

用 Simulink 仿真系统的单位阶跃曲线，仿真结果如图 7.2 所示。

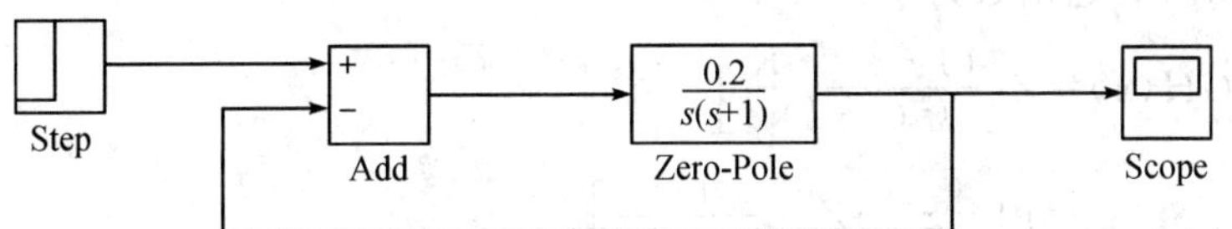

图 7.2　习题 7-9 仿真图

单位阶跃响应曲线如图 7.3 所示。

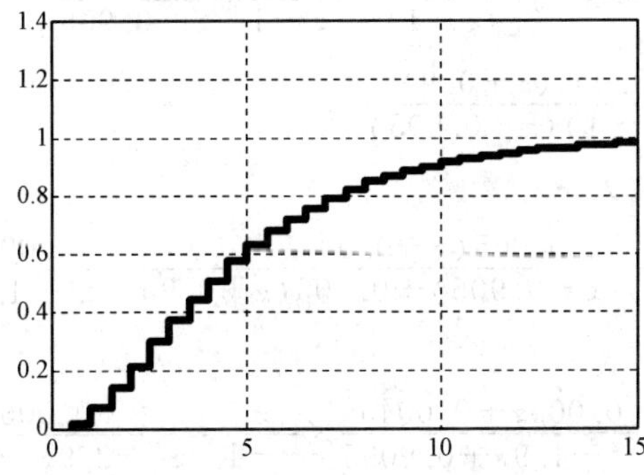

图 7.3　习题 7-9 系统单位响应曲线

(3) $$K_p=\lim_{z\to 1}G(z)=\infty$$

$$K_v=\lim_{z\to 1}(z-1)G(z)=\left.\frac{0.0632z}{z-0.368}\right|_{z=1}=0.1$$

$$K_a=\lim_{z\to 1}(z-1)^2G(z)=0$$

(4) $$e_{ss}=\frac{2}{1+K_p}+\frac{0.01\times T}{K_v}=0+\frac{0.01\times 0.5}{0.1}=0.05$$

7-10 设离散系统如图 7.4 所示，其中 $T=0.1(s)$，$K=1$，试求：

(1) 系统的开环脉冲传递函数；

(2) 绘制系统的单位阶跃响应，并求超调量 M_p 和调整时间 $t_s(2\%)$。

(3) 求静态误差系数 K_p、K_v、K_a，并求系统在 $r(t)=6+0.1t$ 作用下的稳态误差 e_{ss}。

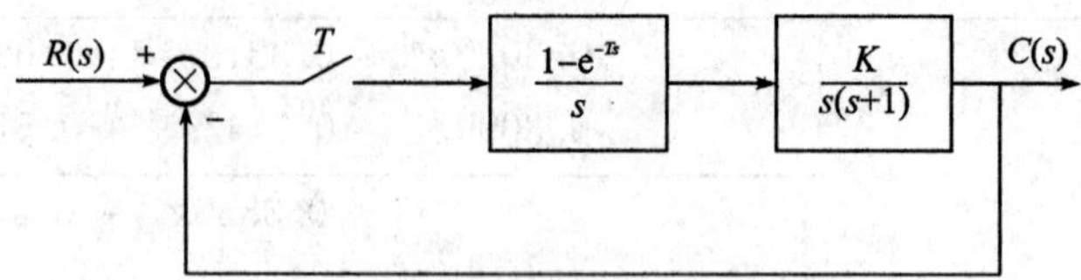

图 7.4　习题 7-10 图

【解】

(1) 开环脉冲传递函数为

$$\begin{aligned}GH(z)&=Z\left[\frac{(1-e^{-sT})K}{s^2(s+1)}\right]\\&=(1-z^{-1})Z\left[\frac{1}{s^2(s+1)}\right]\\&=(1-z^{-1})Z\left[\frac{1}{s^2}-\frac{1}{s}+\frac{1}{s+1}\right]\\&=(1-z^{-1})\left[\frac{0.1z}{(z-1)^2}-\frac{z}{z-1}+\frac{z}{z-0.905}\right]\\&=\frac{0.005(z+0.9)}{(z-1)(z-0.905)}\end{aligned}$$

(2) 闭环脉冲传递函数为

$$\Phi(z)=\frac{0.005(z+0.9)}{(z-1)(z-0.905)+0.005(z+0.9)}=\frac{0.005(z+0.9)}{z^2-1.9z+0.9095}$$

其单位阶跃 z 变换为

$$C(z)=\Phi(z)R(z)=\frac{0.005z+0.0045}{z^2-1.9z+0.9095}\times\frac{z}{z-1}=\frac{0.005z^2+0.0045z}{z^3-2.9z^2+2.8095z-0.9095}$$

利用长除法得

$$
\begin{array}{r}
0.005z^{-1}+0.0190z^{-2}+0.0411z^{-3}+0.0703z^{-4} \\
z^{3}-2.9z^{2}+2.8095z-0.9095\,\overline{\big)\;0.005z^{2}+0.0045z\qquad\qquad\qquad\qquad} \\
0.005z^{2}-0.0145z+0.0140-0.0045z^{-1} \\
\hline
0.0190z-0.0140+0.0045z^{-1} \\
0.0190z-0.0551+0.0534z^{-1}-0.0173z^{-2} \\
\hline
0.0411-0.0489z^{-1}+0.0173z^{-2} \\
0.0411-0.1192z^{-1}+0.1155z^{-2}-0.0374z^{-3} \\
\hline
0.0703z^{-1}-0.0982z^{-2}+0.0374z^{-3} \\
0.0703z^{-1}-0.2039z^{-2}+0.1975z^{-3}-0.0639z^{-4} \\
\hline
0.1057z^{-2}-0.1601z^{-3}+0.0639z^{-4}
\end{array}
$$

则系统的单位阶跃响应为

$$
\begin{aligned}
c^{*}(t)=&0.005\delta(t-T)+0.0190\delta(t-2T)+0.0411\delta(t-3T)+0.0703\delta(t-4T)\\
&+0.1057\delta(t-5T)+0.1464\delta(t-6T)+0.1915\delta(t-7T)+0.2402\delta(t-8T)\\
&+0.2917\delta(t-9T)+0.3453\delta(t-10T)\cdots
\end{aligned}
$$

搭建 Simulink 仿真模型，如图 7.5 所示。

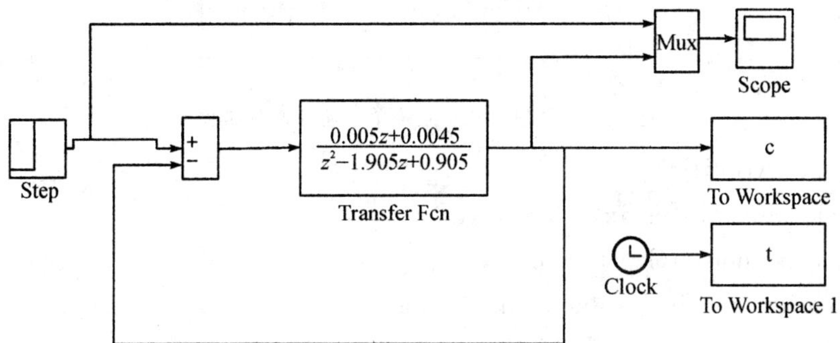

图 7.5　习题 7-10 仿真程序图

由此得到单位阶跃响应曲线，如图 7.6 所示。

系统单位阶跃响应数据如下所示：

0	0.0050	0.0190	0.0411	0.0702	0.1056	0.1462	0.1913	0.2400	0.2915
0.3451	0.4000	0.4557	0.5115	0.5669	0.6214	0.6746	0.7260	0.7754	0.8225
0.8669	0.9087	0.9475	0.9833	1.0160	1.0456	1.0721	1.0955	1.1159	1.1333
1.1479	1.1598	1.1691	1.1759	1.1804	1.1828	1.1833	1.1820	1.1791	1.1747
1.1691	1.1623	1.1547	1.1462	1.1372	1.1276	1.1177	1.1076	1.0974	1.0872
1.0770	1.0671	1.0574	1.0481	1.0391	1.0306	1.0225	1.0150	1.0080	1.0016

0.9957	0.9904	0.9857	0.9816	0.9779	0.9749	0.9723	0.9703	0.9687	0.9675
0.9668	0.9664	0.9664	0.9667	0.9673	0.9682	0.9693	0.9706	0.9720	0.9736
0.9753	0.9770	0.9788	0.9807	0.9826	0.9845	0.9863	0.9881	0.9899	0.9916
0.9932	0.9947	0.9962	0.9976	0.9988	1.0000	1.0010	1.0020	1.0028	1.0035
1.0042	1.0047	1.0052	1.0055	1.0058	1.0060	1.0061	1.0062	1.0061	1.0061
1.0060	1.0058	1.0056	1.0053	1.0051	1.0048	1.0045	1.0041	1.0038	1.0035
1.0031	1.0028	1.0024	1.0021	1.0018	1.0015	1.0012	1.0009	1.0006	1.0004
1.0002	1.0000	0.9998	0.9996	0.9995	0.9993	0.9992	0.9991	0.9990	0.9990
0.9989	0.9989	0.9989	0.9989	0.9989	0.9989	0.9989	0.9989	0.9990	0.9990

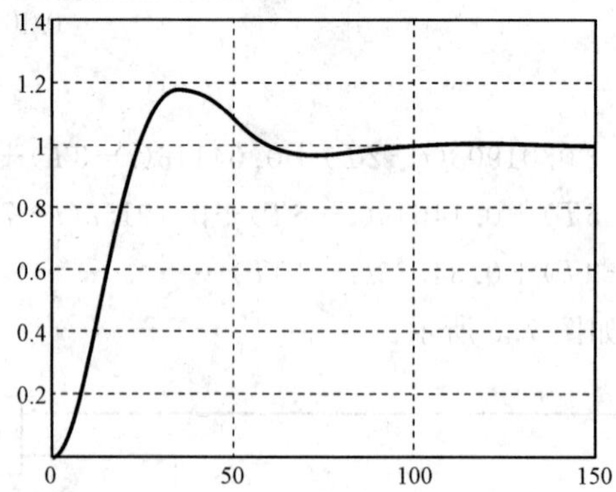

图 7.6　习题 7－10 系统单位阶跃响应曲线

运行 MATLAB 程序：

```
final_value=1;[cmax, k]=max(c)
peak_of_time=t(k-1)*0.1
Mp=(cmax-final_value)/final_value
i=1;
 while c(i)<final_value
   i=i+1;
end
 rise_time=t(i-1)*0.1
%compute setting_time
k=length(t);
while (c(k)>0.95*final_value&c(k)<1.05*final_value)
   k=k-1;
end
```

setting_time=t(k+1) * 0.1

求得性能指标如下：

$M_p=18.33\%$，$t_r=2.3$ s，$t_p=3.5$ s，$t_s=8.3$ s。

(3) 闭环特征方程为

$$D(z)=z^2-1.9z+0.9095=0$$

求得特征根 $z_{1,2}=0.95\pm j0.0837$。由于 $|z_{1,2}|<1$，故闭环系统稳定。

系统静态误差系数为

$$K_p=\lim_{z\to 1}[GH(z)]=\infty$$

$$K_v=\lim_{z\to 1}(z-1)GH(z)=0.1$$

$$K_a=\lim_{z\to 1}(z-1)^2GH(z)=0$$

根据开环脉冲传递函数的形式，可以判定该系统是Ⅰ型系统，在 $r(t)=6+0.1t$ 的情况下，稳态误差为

$$e_{ss}(\infty)=0.1*\frac{T}{K_v}=0.1$$

7-11　已知离散控制系统的框图如图 7.7 所示，采样周期 $T=0.5$ s。

(1) 求系统的闭环脉冲传递函数；

(2) 确定系统稳定时 K 的取值范围。

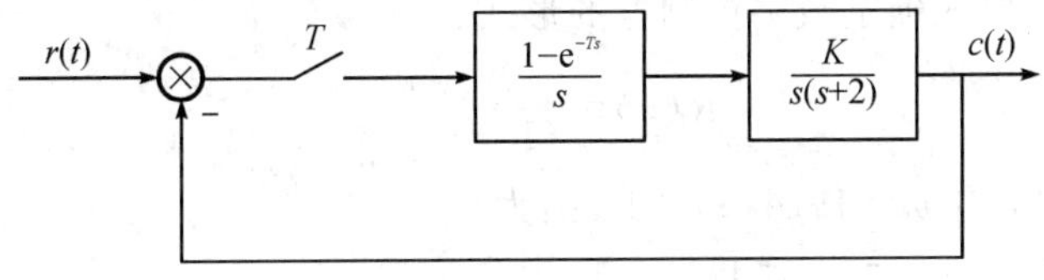

图 7.7　习题 7-11 图

【解】

(1) 采样周期 $T=0.5$ s，系统的开环脉冲传递函数为

$$G(z)=\frac{z-1}{z}Z\left[\frac{K}{s^2(s+2)}\right]=\frac{0.092K(z+0.718)}{z^2-1.368z+0.368}=\frac{0.092K(z+0.718)}{(z-1)(z-0.368)}$$

闭环脉冲传递函数为

$$\frac{C(z)}{R(z)}=\frac{0.092K(z+0.718)}{(z-1)(z-0.368)+0.092K(z+0.718)}$$

(2) 系统的闭环特征方程为

$$D(z)=z^2+(0.092K-1.368)z+0.066K+0.368=0$$

作 w 变换有

$$D(z)=\left(\frac{w+1}{w-1}\right)^2+(0.092K-1.368)\left(\frac{w+1}{w-1}\right)+0.066K+0.368$$
$$=(w+1)^2+(0.092K-1.368)(w+1)(w-1)+(0.066K+0.368)(w-1)^2$$
$$=0.158Kw^2+(1.264-0.132K)w+2.736-0.026K=0$$

系统稳定的条件为

$$\begin{cases}K>0\\1.264-0.132K>0\\2.736-0.026K>0\end{cases}$$

得到 $0<K<9.58$。

7-12 离散系统如图 7.8 所示，已知：$G_0(s)=\dfrac{1}{s(s+1)}$，试求其对于单位阶跃输入的最小拍控制器。

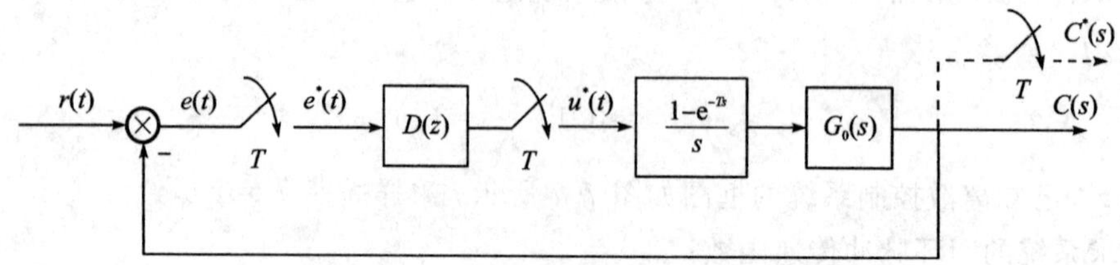

图 7.8 习题 7-12 图

【解】 根据输入形式确定数字控制器的形式：

$$R(z)=\frac{A(z)}{(1-z^{-1})^m}$$

当 $r(t)=1(t)$时，有 $m=1$，$A(z)=1$。因为

$$G_0(z)=Z\left[\frac{1}{s(s+1)}\right]=Z\left[\frac{1}{s}-\frac{1}{(s+1)}\right]=\frac{z}{z-1}-\frac{z}{z-e^{-1}}=\frac{(1-e^{-1})z}{(z-1)(z-e^{-1})}$$

故对于 $r(t)=1(t)$作用，一拍系统的数字控制器：

$$D(z)=\frac{z^{-1}}{(1-z^{-1})G_0}=\frac{z-0.368}{0.632z}=1.582(1-0.368z^{-1})$$

闭环脉冲传递函数为

$$\Phi(z)=\frac{D(z)G_0(z)}{1+D(z)G_0(z)}=\frac{1}{z}=z^{-1}$$

7-13 采样系统如图 7.9 所示，采样周期 $T=1$ s。

(1) 求闭环脉冲传递函数；

(2) 设 $b=0$，求使闭环特征根在 z 平面原点时 k 和 a 的取值。

(3) 求此时系统阶跃响应和稳态误差。

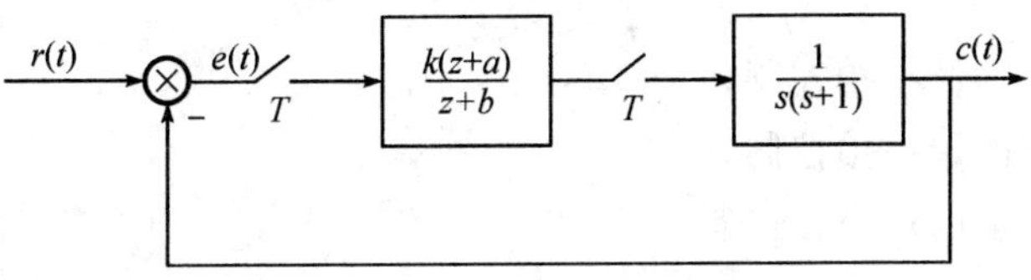

图 7.9　习题 7-13 图

【解】

(1) 被控对象的脉冲传递函数为

$$G_0(z)=Z\left[\frac{1}{s(s+1)}\right]=Z\left[\frac{1}{s}-\frac{1}{s+1}\right]=\frac{z}{z-1}-\frac{z}{z-e^{-T}}=\frac{0.632z}{(z-1)(z-0.368)}$$

系统的开环脉冲传递函数为

$$G(z)=\frac{k(z+a)}{z+b}\frac{0.632z}{(z-1)(z-0.368)}$$

系统的闭环脉冲传递函数为

$$\Phi(z)=\frac{G(z)}{1+G(z)}=\frac{k\dfrac{z+a}{z+b}\dfrac{0.632z}{(z-1)(z-0.368)}}{1+k\dfrac{z+a}{z+b}\dfrac{0.632z}{(z-1)(z-0.368)}}$$

$$=\frac{0.632kz(z+a)}{(z+b)(z-1)(z-0.368)+0.632kz(z+a)}$$

(2) $b=0$ 时，有

$$\Phi(z)=\frac{0.632k(z+a)}{(z-1)(z-0.368)+0.632k(z+a)}$$

解闭环特征方程

$$(z-1)(z-0.368)+0.632k(z+a)=z^2$$

得 $a=-0.269$，$k=2.165$。

(3) 闭环脉冲传递函数为

$$\Phi(z)=\frac{1.368(z-0.269)}{z^2}=1.368z^{-1}-0.368z^{-2}$$

单位阶跃下的响应为

$$(1.368z^{-1}-0.368z^{-2})\frac{z}{z-1}=(1.368-0.368z^{-1})\frac{1}{z-1}=1.368z^{-1}+z^{-2}+z^{-3}+\cdots$$

故得系统的单位阶跃响应为 $c(0)=0$、$c(1)=1.368$、$c(2)=c(3)=c(4)=\cdots=1$，稳态误差 $e(\infty)=0$。

7-14　采样控制系统如图 7.10 所示，采样周期 $T=1$ s，试设计数字调节器 $D(z)$，实现：

（1）阶跃输入下的最小拍控制；

（2）斜坡输入下的最小拍控制；

（3）抛物线输入下的最小拍控制。

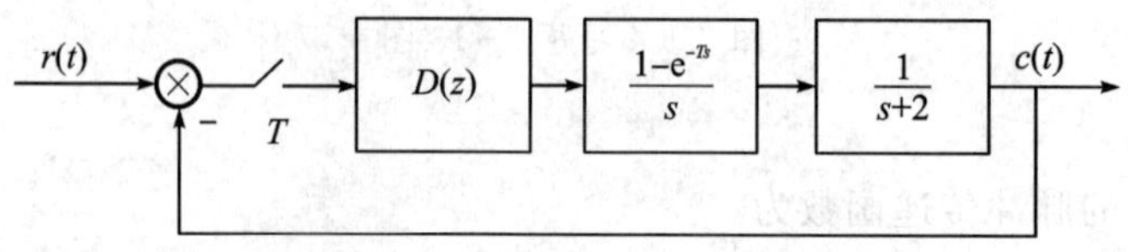

图 7.10　习题 7-14 图

【解】 被控对象的脉冲传递函数为

$$\frac{z-1}{z}Z\left[\frac{1}{s(s+2)}\right]=\frac{1}{2}\frac{1-\mathrm{e}^{-2}}{z-\mathrm{e}^{-2}}$$

它是最小相位脉冲传递函数。

（1）阶跃输入下的最小拍控制器为

$$\frac{1}{(z-1)G(z)}=\frac{2(z-\mathrm{e}^{-2})}{(1-\mathrm{e}^{-2})(z-1)}$$

（2）斜坡输入下的最小拍控制器为

$$\frac{2z-1}{(z-1)^2G(z)}=\frac{2(2z-1)(z-\mathrm{e}^{-2})}{(1-\mathrm{e}^{-2})(z-1)^2}$$

（3）抛物线输入下的最小拍控制器为

$$\frac{3z^2-3z+1}{(z-1)^3G(z)}=\frac{2(3z^2-3z+1)(z-\mathrm{e}^{-2})}{(1-\mathrm{e}^{-2})(z-1)^3}$$

第八章　非线性控制系统分析

一、知识点网络图

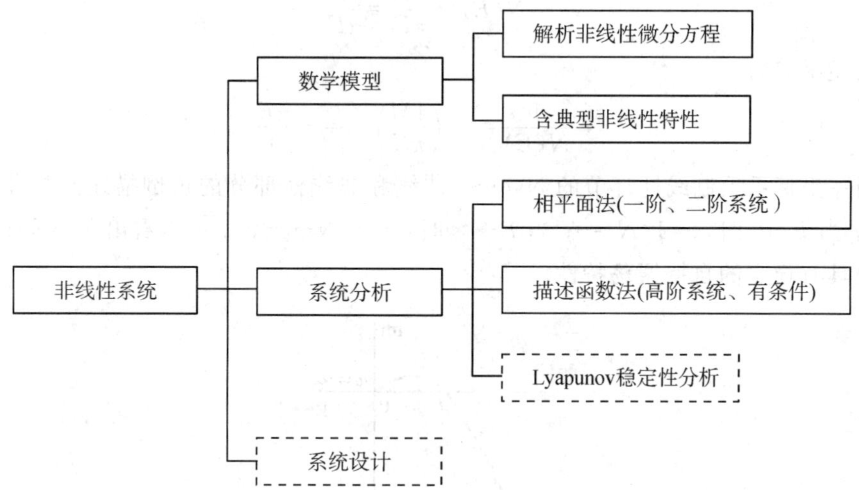

二、学习目的

(1) 了解典型非线性特性的基本形式和非线性系统的基本特征。

(2) 掌握非线性系统的基本分析方法——相平面法和描述函数法。

(3) 重要的基本概念——自激振荡和描述函数。

习题与解答

8-1　非线性系统如图8.1所示。试确定其稳定性。若产生自振荡，试确定自振荡的振幅和频率。

【解】　线性部分的开环传递函数为

$$G_{\mathrm{k}}(s)=\frac{10}{s(s+1)(s+2)}=\frac{5}{s(s+1)(0.5s+1)}$$

理想继电器的描述函数为

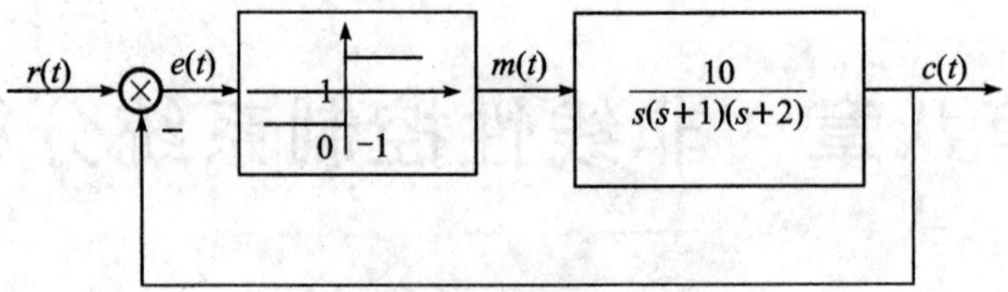

图 8.1　习题 8-1 的图

$$N(E)=\frac{4M}{\pi E}=\frac{4}{\pi E}$$

则负倒描述函数为

$$-\frac{1}{N(E)}=-\left(\frac{4M}{\pi E}\right)^{-1}=-\frac{\pi E}{4}$$

在同一坐标系绘制线性环节的 Nyquist 曲线和非线性部分的负倒描述函数曲线，如图 8.2所示。当 $E=0$ 时，$-1/N=0$；当 $E\to\infty$时，$-1/N\to-\infty$。可以看出在 A 处产生交点，且交点处具有稳定的自持振荡特性。

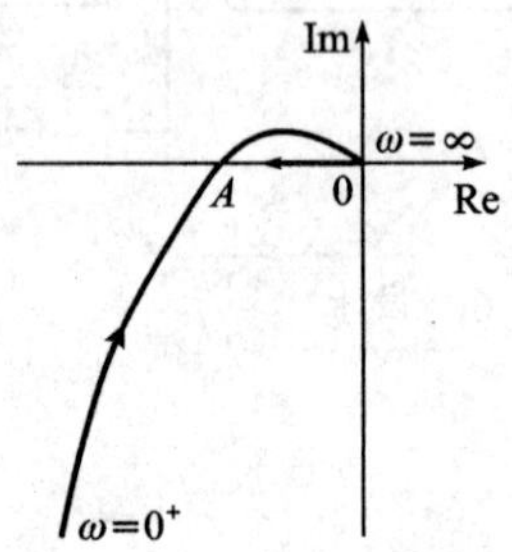

图 8.2　习题 8-1 解图

计算 A 点处的自持振荡频率 ω_A：

$$\angle G_k(j\omega)\big|_{\omega=\omega_A}=-90^\circ-\arctan\omega_A-\arctan0.5\omega_A=-180^\circ$$

$$\arctan\omega_A+\arctan0.5\omega_A=90^\circ\Rightarrow\omega_A=\sqrt{2}$$

计算 A 点处的自持振荡幅值 E_A：

$$|G(j\omega)|_{\omega=\omega_A}=\frac{5}{\sqrt{2}\times\sqrt{2+1}\times\sqrt{0.25\times2+1}}=\frac{5}{3}$$

$$-\frac{\pi E_A}{4}=-\frac{5}{3}\Rightarrow E_A=\frac{20}{3\pi}\approx2.12$$

8-2　非线性系统的框图如图 8.3 所示。试求：

(1) K 在何取值范围时使系统稳定；

(2) $K=10$ 时系统产生自振荡的振幅和频率。

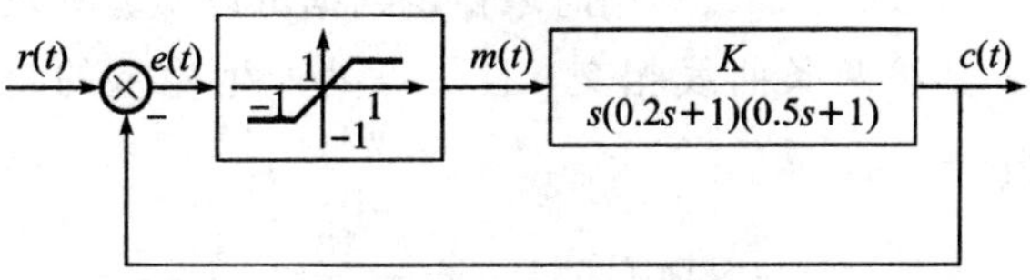

图 8.3　习题 8-2 图

【解】

(1) 非线性环节的描述函数为

$$N(E)=\begin{cases}\dfrac{2M}{\pi\Delta}\left(\arcsin\dfrac{\Delta}{E}+\dfrac{\Delta}{E}\sqrt{1-\dfrac{\Delta^2}{E^2}}\right)=\dfrac{2}{\pi}\left(\arcsin\dfrac{1}{E}+\dfrac{1}{E}\sqrt{1-\dfrac{1}{E^2}}\right), & E\geqslant 1\\ 1, \quad E<1\end{cases}$$

负倒描述函数为

$$-\frac{1}{N(E)}=\begin{cases}-\dfrac{\pi}{2}\left(\arcsin\dfrac{1}{E}+\dfrac{1}{E}\sqrt{1-\dfrac{1}{E^2}}\right)^{-1}, E\geqslant 1\\ -1, E\leqslant 1\end{cases}$$

当 $E\leqslant 1$ 时，$-1/N(E)=-1$；当 $E\to\infty$ 时，$-1/N(E)\to-\infty$。在同一坐标系绘制线性环节的 Nyquist 曲线和非线性部分的负倒描述函数曲线，如图 8.4 所示。

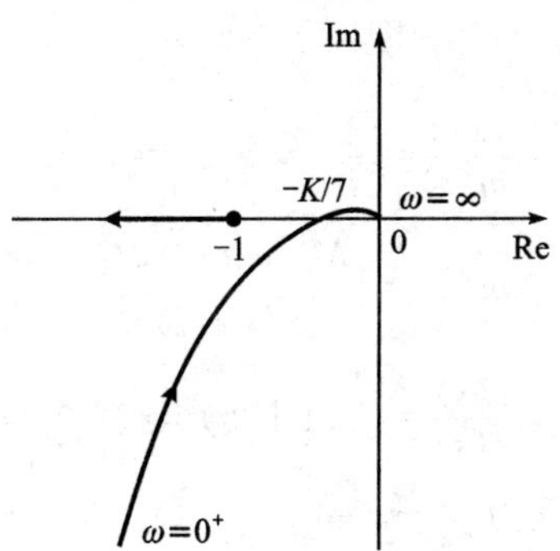

图 8.4　习题 8-2 解图

显然，当线性部分的开环增益足够小时，即在与实轴交点处的幅值小于 1，则两条曲线不产生交点。根据稳定判据可知系统稳定。

K 值的计算过程如下：

$$\angle G_k(j\omega_1)=-90°-\arctan 0.2\omega_1-\arctan 0.5\omega_1=-180°$$

$$\Rightarrow \arctan 0.2\omega_1+\arctan 0.5\omega_1=90° \Rightarrow \omega_1=\sqrt{10}$$

$$|G(j\omega_1)|=\left.\frac{K}{\omega\sqrt{1+0.04\omega^2}\sqrt{1+0.25\omega^2}}\right|_{\omega=\sqrt{10}}=\frac{K}{7}$$

系统稳定时 $|G(\mathrm{j}\omega_1)|<1$，即 $K<7$（利用时域稳定判据可以检验其正确性）。

（2）当 $K=10$ 时，显然两条曲线相交，且交点处产生稳定的自持振荡，振荡频率为 $\omega_1=\sqrt{10}$，振荡幅值为

$$|G(\mathrm{j}\omega)|_{\omega=\sqrt{10}}=\frac{10}{7}$$

解

$$-\frac{1}{N(E)}=-\frac{\pi}{2}\left(\arcsin\frac{1}{E}+\frac{1}{E}\sqrt{1-\frac{1}{E^2}}\right)^{-1}=-\frac{10}{7}$$

可得 $E\approx1.71$。

8-3 试用相平面分析法，分析图 8.5 所示的非线性系统分别在 $\beta=0$、$\beta<0$、$\beta>0$ 情况下，相轨迹的特点。

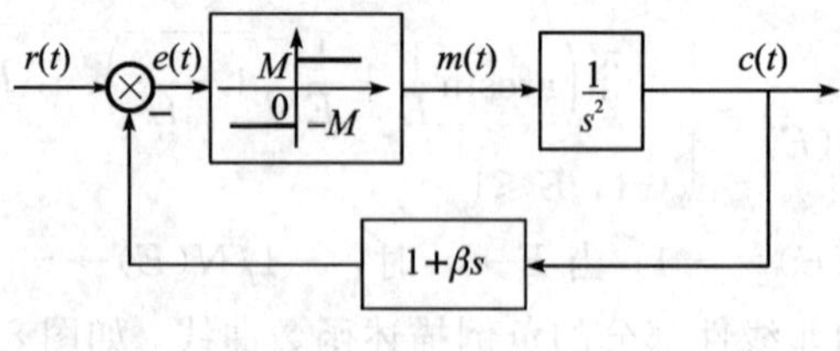

图 8.5　习题 8-3 图

【解】

$$\frac{c(s)}{m(s)}=\frac{1}{s^2}\Rightarrow\ddot{c}(t)=m(t)$$

$$m(t)=\begin{cases}M,\ e(t)>0\\-M,\ e(t)<0\end{cases}$$

$$\frac{e(s)}{c(s)}=-(1+\beta s)\Rightarrow-\beta\dot{c}(t)-c(t)=e(t)$$

在 c-$\dot{c}$ 平面上的开关线方程为 $\beta\dot{c}+c=0$。

对应的相轨迹方程为

$$\ddot{c}(t)=\begin{cases}M,\ \beta\dot{c}(t)+c(t)<0\\-M,\ \beta\dot{c}(t)+c(t)>0\end{cases}$$

$$\ddot{c}(t)=\frac{\mathrm{d}\dot{c}}{\mathrm{d}c}\times\frac{\mathrm{d}c}{\mathrm{d}t}\Rightarrow\begin{cases}\dot{c}\,\mathrm{d}\dot{c}=M\mathrm{d}c\Rightarrow\dot{c}^2=Mc+a,\ \beta\dot{c}(t)+c(t)<0\\\dot{c}\,\mathrm{d}\dot{c}=-M\mathrm{d}c\Rightarrow\dot{c}^2=-Mc+b,\ \beta\dot{c}(t)+c(t)>0\end{cases}$$

相轨迹为两族抛物线。

当 $\beta=0$ 时，开关线方程为 $c(t)=0$。根据相轨迹方程在不同线性区域内绘制相平面图，如图 8.6(a) 所示。

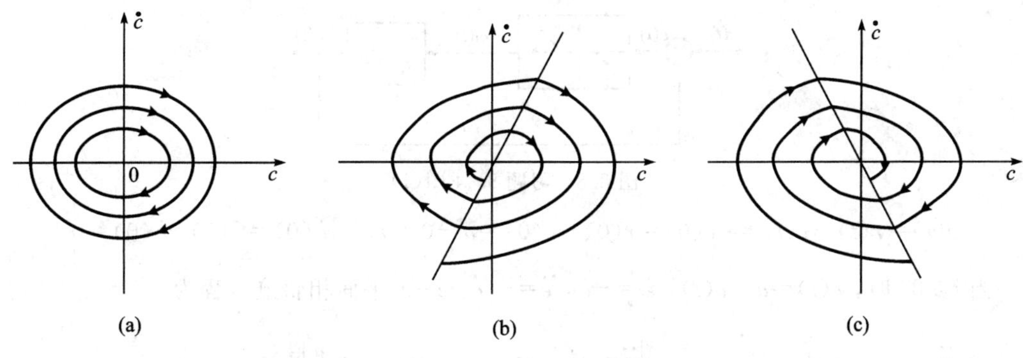

图 8.6　习题 8-3 解图

自持振荡的振荡频率和周期由初始条件确定。

当 $\beta<0$ 时，开关线方程为 $\beta\dot{c}(t)+c(t)=0\ (\beta<0)$，即原开关线顺时针方向转动了 $\arctan 1/|\beta|$ 度。相轨迹方程仍为

$$\begin{cases}\dot{c}^2=Mc+a,\ c(t)+\beta\dot{c}(t)\leqslant 0\\ \dot{c}^2=-Mc+b,\ c(t)+\beta\dot{c}(t)\geqslant 0\end{cases}$$

根据相轨迹方程在不同线性区域内绘制相平面图，如图 8.6(b) 所示。无论初始条件如何，增幅振荡特性，系统不稳定。

当 $\beta<0$ 时，开关线方程为 $\beta\dot{c}(t)+c(t)=0\ (\beta>0)$，即原开关线逆时针方向转动了 $\arctan 1/|\beta|$ 度。根据相轨迹方程在不同线性区域内绘制相平面图，如图 8.6(c) 所示。无论初始条件如何，衰减振荡特性，系统稳定。

8-4　非线性系统的框图如图 8.7 所示。假定系统输出为零初始条件，输入 $r(t)=a*1(t)\quad (a>0)$，试概略绘制 $\dot{e}-e$ 平面的相轨迹族，并分析系统的特性。

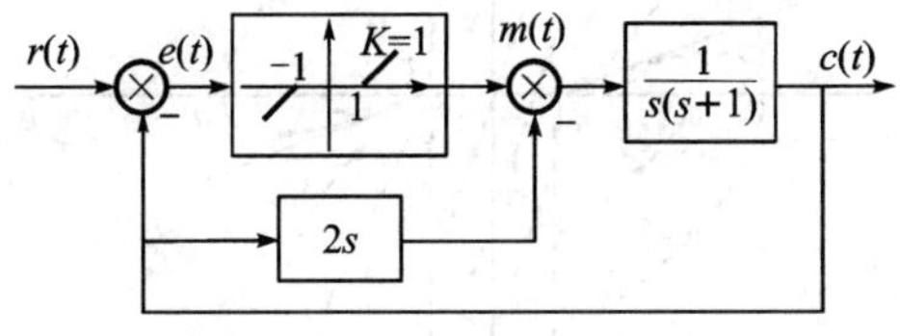

图 8.7　习题 8-4 图

【解】　对图 8.7 实施等效变换得到如图 8.8 所示的方框图。

对应的相轨迹方程为

$$\ddot{c}(t)+3\dot{c}(t)=m(t)=\begin{cases}e-1,\ e\geqslant 1\\ 0,\ |e|\leqslant 1\\ e+1,\ e\leqslant -1\end{cases}$$

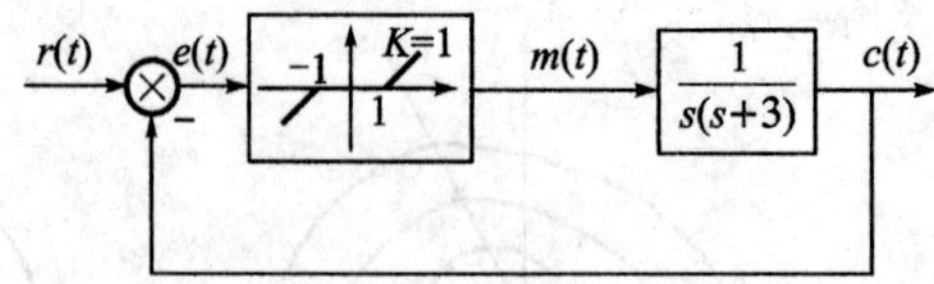

图 8.8 习题 8-4 图(1)

$$e(t)=r(t)-c(t) \Rightarrow e(0)=r(0)-c(0)=a-0=a, \quad \dot{e}(0)=\dot{r}(0)-\dot{c}(0)=0$$

当 $t\geqslant 0^+$ 时，$e(t)=a-c(t)$，$\dot{e}=-\dot{c}$，$\ddot{e}=-\ddot{c}$，$e-\dot{e}$ 平面相轨迹方程为

$$\begin{cases}-\ddot{e}-3\dot{e}=e-1 & e\geqslant 1\\ -\ddot{e}-3\dot{e}=0 & |e|\leqslant 1\\ -\ddot{e}-3\dot{e}=e+1 & e\leqslant -1\end{cases} \Rightarrow \begin{cases}\ddot{e}+3\dot{e}+e=1 & e\geqslant 1 & (\text{Ⅰ区})\\ \ddot{e}+3\dot{e}=0 & |e|\leqslant 1 & (\text{Ⅱ区})\\ \ddot{e}+3\dot{e}+e=-1 & e\leqslant -1 & (\text{Ⅲ区})\end{cases}$$

开关线为：$e=\pm 1$，根据微分方程特征根的分布规律得到相轨迹的形式，如图 8.9 所示。

Ⅰ区：相轨迹是以(1，0)为中心点的稳定节点。

Ⅱ区：相轨迹是直线。

Ⅲ区：相轨迹是以(−1，0)为中心点的稳定节点。

显然，系统是稳定的，对于不同的初始条件，系统的稳态误差不同。当 $a>1$ 时，稳态误差等于1。

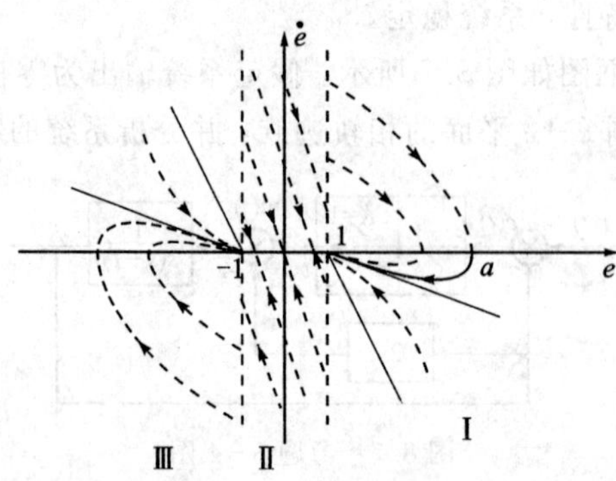

图 8.9 习题 8-4 解图(2)

8-5 线性系统的框图如图 8.10 所示。若已知 $A/J=0.1$，$r(t)=30\times 1(t)$，$c(0)=0$，$\dot{c}(0)=0$，试在 $\dot{e}-e$ 平面绘制相轨迹图，求系统到达稳态所需要的时间，分析系统的稳态性能，系统阶跃响应过程是否出现振荡？

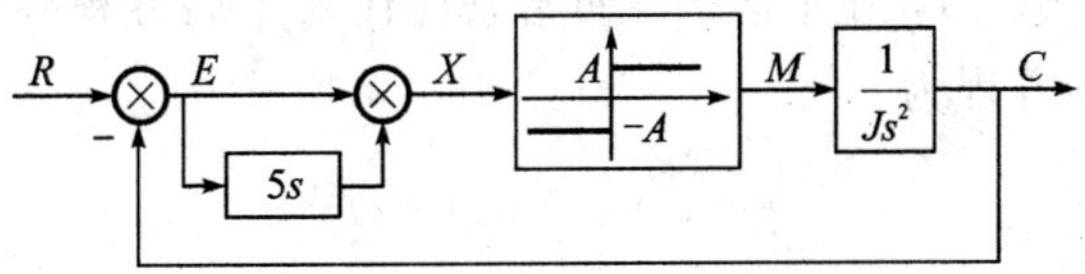

图 8.10　习题 8-5 图

【解】 由系统方框图可知：

$$C(s)=\frac{1}{Js}M(s),\quad X(s)=(1+5s)E(s)$$

可得

$$J\ddot{c}(t)=m(t),\quad x(t)=e(t)+5\dot{e}(t)$$

非线性特性为

$$m(t)=\begin{cases}A, & x(t)>0\\ -A, & x(t)<0\end{cases}$$

系统运动方程为

$$\ddot{c}(t)=\begin{cases}\dfrac{A}{J}=0.1, & 5\dot{e}+e\geqslant 0\\ -\dfrac{A}{J}=-0.1, & 5\dot{e}+e\leqslant 0\end{cases}$$

当 $t\geqslant 0^+$ 时，$e(t)=r(t)-c(t)=30-c(t)$

可得

$$\ddot{e}(t)=-\ddot{c}(t)$$

$$-\ddot{e}(t)=\begin{cases}\dfrac{A}{J}=0.1, & 5\dot{e}+e\geqslant 0\\ -\dfrac{A}{J}=-0.1, & 5\dot{e}+e\geqslant 0\end{cases}$$

开关线为

$$5\dot{e}+e=0$$

根据方程形式可得相轨迹方程为抛物线方程：

$$\begin{cases}\dfrac{1}{2}\dot{e}^2(t)=-0.1e(t)+a, & 5\dot{e}+e\geqslant 0 \quad (\text{Ⅰ区})\\ \dfrac{1}{2}\dot{e}^2(t)=0.1e(t)+b, & 5\dot{e}+e\leqslant 0 \quad (\text{Ⅱ区})\end{cases}$$

初始条件为

$$e(0^+)=r(0^+)-c(0^+)=30,\quad \dot{e}(0^+)=\dot{r}(0^+)-\dot{c}(0^+)=0$$

相轨迹起点为 $A(30, 0)$，在Ⅰ区。将初始条件代入Ⅰ区方程确定其待定参数：$a_1=3$。则Ⅰ区起始段的相轨迹方程为

$$\frac{1}{2}\dot{e}^2(t)=-0.1e(t)+3$$

确定抛物线$\frac{1}{2}\dot{e}^2(t)=-0.1e(t)+3$与开关线的交点坐标 B：

$$\begin{cases}\frac{1}{2}\dot{e}^2(t)=-0.1e(t)+3\\ 5\dot{e}(t)+e(t)=0\end{cases} \Rightarrow \begin{cases}\dot{e}=3\\ e=-15\end{cases}, \quad \begin{cases}\dot{e}=-2\\ e=10\end{cases} \Rightarrow B(10, -2)$$

依据 B 点坐标确定Ⅱ区方程的待定参数：$b_1=1$。

确定抛物线$\frac{1}{2}\dot{e}^2(t)=0.1e(t)+1$与开关线的交点坐标 C：

$$\begin{cases}\frac{1}{2}\dot{e}^2(t)=0.1e(t)+1\\ 5\dot{e}(t)+e(t)=0\end{cases} \Rightarrow \begin{cases}\dot{e}=1\\ e=-5\end{cases}, \quad \begin{cases}\dot{e}=-2\\ e=10\end{cases} \Rightarrow C(-5, 1)$$

依据 C 点坐标确定Ⅱ区方程的待定参数：$a_2=0$。

确定抛物线$\frac{1}{2}\dot{e}^2(t)=-0.1e(t)$与开关线的交点坐标 D：

$$\begin{cases}\frac{1}{2}\dot{e}^2(t)=-0.1e(t)\\ 5\dot{e}(t)+e(t)=0\end{cases} \Rightarrow \begin{cases}\dot{e}=0\\ e=0\end{cases}, \quad \begin{cases}\dot{e}=1\\ e=1\end{cases} \Rightarrow D(0, 0)$$

系统相轨迹如图 8.11 所示。系统稳定，阶跃响应过程为衰减振荡。

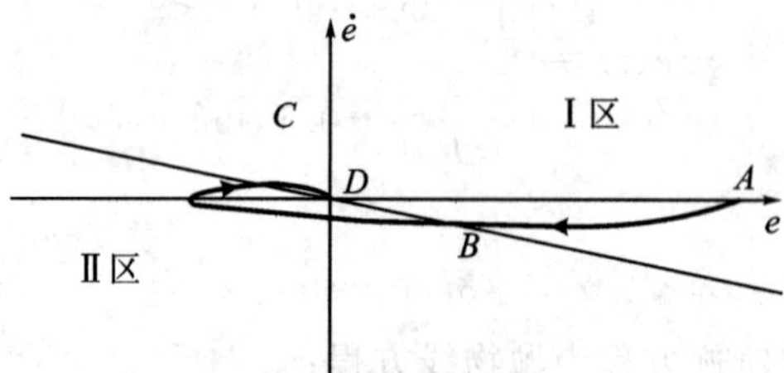

图 8.11　习题 8-5 解图

计算整个调节过程所需要的时间：

$$\Delta t=\int_{e_1}^{e_2}\frac{1}{\dot{e}}\mathrm{d}e$$

计算 t_{AB}：相轨迹方程为

$$\frac{1}{2}\dot{e}^2(t)=-0.1e(t)+3 \Rightarrow \dot{e}\mathrm{d}\dot{e}=-0.1\mathrm{d}e \Rightarrow \mathrm{d}e=-10\dot{e}\mathrm{d}\dot{e}$$

$$\Delta t_{AB}=\int_A^B \frac{1}{\dot e}\mathrm{d}e=\int_0^{-2}-10\mathrm{d}\dot e=20\ (\mathrm{s})$$

计算 t_{BC}：相轨迹方程为

$$\frac{1}{2}\dot e^2(t)=0.1e(t)+1\Rightarrow \dot e\mathrm{d}\dot e=0.1\mathrm{d}e\Rightarrow \mathrm{d}e=10\dot e\mathrm{d}\dot e$$

$$\Delta t_{BC}=\int_B^C \frac{1}{\dot e}\mathrm{d}e=\int_{-2}^{1}10\mathrm{d}\dot e=30\ (\mathrm{s})$$

计算 t_{CD}：相轨迹方程为

$$\frac{1}{2}\dot e^2(t)=-0.1e(t)\Rightarrow \dot e\mathrm{d}\dot e=-0.1\mathrm{d}e\Rightarrow \mathrm{d}e=-10\dot e\mathrm{d}\dot e$$

$$\Delta t_{CD}=\int_C^D \frac{1}{\dot e}\mathrm{d}e=\int_{1}^{0}-10\mathrm{d}\dot e=10(\mathrm{s})$$

整个动态过程的调节时间为

$$t_s=20+30+10=60\ (\mathrm{s})$$

8－6 设一阶非线性系统的微分方程为

$$\dot x=-x+x^3$$

试确定系统有几个平衡状态，分析平衡状态的稳定性，并画出系统的相轨迹。

【解】

(1) 求系统的平衡状态。令 $\dot x=0$，得

$$-x+x^3=x(x^2-1)=x(x-1)(x+1)=0$$

系统平衡状态为 $x_e=0$，-1，1。

(2) 分析各平衡状态的稳定性。

$$\frac{\mathrm{d}x}{x(x-1)(x+1)}=\mathrm{d}t$$

即

$$\left(-\frac{1}{x}+\frac{1/2}{x-1}+\frac{1/2}{x+1}\right)\mathrm{d}x=\mathrm{d}t$$

积分得

$$x^2=\frac{x_0^2\mathrm{e}^{-2t}}{1-x_0^2+x_0^2\mathrm{e}^{-2t}} \qquad ①$$

相应的时间响应随着初始条件而变，当初始条件 $|x_0|<1$，$1-x_0^2>0$，并且随着 t 的增大，式①分子的衰减速度大于分母的衰减速率，使得 $x(t)$ 递减，并且收敛于 $x_e=0$，所以 $x_e=0$ 为稳定的平衡状态。

而当初始条件$|x_0|>1$时，$1-x_0^2<0$，若$t<\frac{1}{2}\ln\frac{x_0^2}{x_0^2-1}$，则随着$t$的增大，式①分子的衰减速率小于分母的衰减速率，使得$x(t)$递增；尤其当$t=\frac{1}{2}\ln\frac{x_0^2}{x_0^2-1}$时，式①分母等于零，使得$x(t)$为无穷大，系统发散不稳定。所以$x_e=-1$、$+1$为不稳定的平衡状态。

可见：当$|x(0)|<1$时，系统最终收敛到稳定的平衡状态；当$|x(0)|>1$时，系统发散；当$x(0)<-1$时，$x(t)\to-\infty$；当$x(0)>1$时，$x(t)\to\infty$。

(3) 计算列表如表 8.1 所示，系统的相轨迹如图 8.12 所示。

表 8.1　题 8－6 计算表

x	-2	-1	$-1/\sqrt{3}$	0	$1/\sqrt{3}$	1	2
$\dot{x}$	-6	0	0.385	0	-0.385	0	6
$\ddot{x}$	11	2	0	1	0	2	11

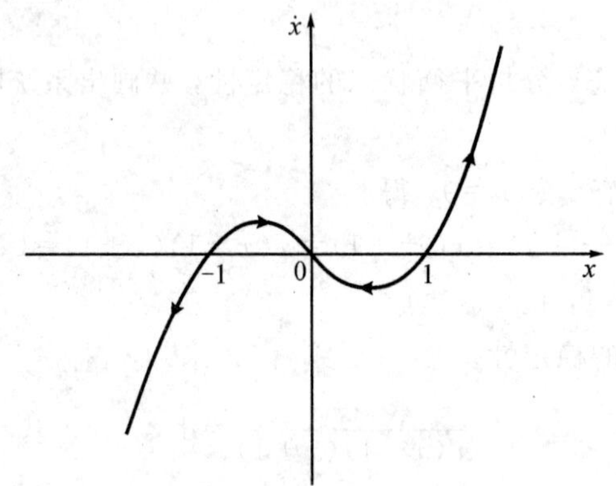

图 8.12　习题 8－6 的相轨迹

系统相轨迹只有一条，不可能在整个$\dot{x}-x$平面上任意分布。

相轨迹的 MATLAB 程序为

```
x=-2:0.01:2;
dx=-x+x.^3;
plot(x, dx);grid
```

用 MATLAB 命令所画的相轨迹如图 8.13 所示。

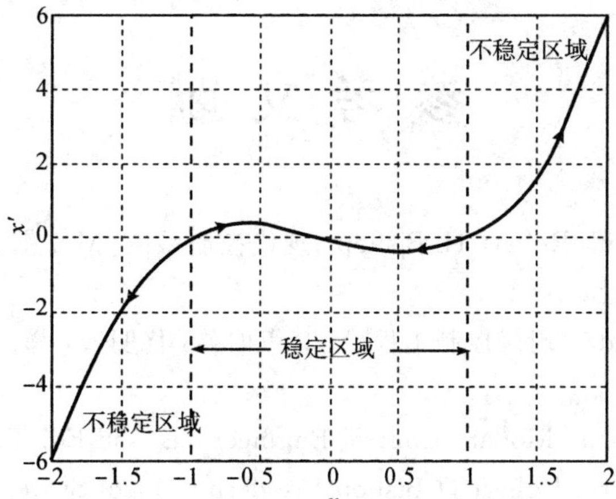

图 8.13　习题 8-6 的相轨迹(MATLAB)

参 考 文 献

[1] [美]Richard C. Dorf，Robert H. Bishop，现代控制系统[M]. 谢红卫，等译. 8 版. 北京：高等教育出版社，2001.

[2] [美]Katsuhiko Ogata. 现代控制工程[M]. 卢伯英，佟明安，译. 5 版. 北京：电子工业出版社，2011.

[3] [美]Katsuhiko Ogata. Modern Control Engineering. 4nd Ed. Prentice-Hall，2006.

[4] [美]Richard C. Dorf，Robert H Bishop. Modern Control System [M]. 9th Ed. Addison-Wesley，2002.

[5] [美]Richard C. Dorf，Robert H. Bishop. 现代控制系统[M]. 谢红卫，等译，12 版. 北京：科学出版社，2012.

[6] 邹伯敏. 自动控制理论[M]. 3 版. 北京：机械工业出版社，2011.

[7] 胡寿松. 自动控制原理[M]. 6 版. 北京：科学出版社，2013.

[8] 胡玉玲. 自动控制理论学习指导与习题解答[M]. 北京：机械工业出版社，2008.

[9] 胡寿松. 自动控制原理习题解析[M]. 2 版. 北京：科学出版社，2007.